Haltung von Edelpapageien

Praxis-Ratgeber für den Alltag mit Edelpapageien: Verhalten, Erlebnisse, Unterbringung, Gesundheitsschutz, Fütterung,...

Inhalt

1 Edelpapageien im Freiland **4**
1.1 Verbreitungsgebiete 5
1.2 Tagesablauf und natürliches Verhalten 5
1.3 Nahrungssuche 6
1.4 Brutphase 8

2 Taxonomie/Systematik (Unterarten) **10**
2.1 Neuguinea Edelpapagei 11
2.2 Salomonen-Edelpapagei 12
2.3 Halmahera-Edelpapagei 13

3 Haltung von Edelpapageien **14**
3.1 Gedanken vor der Anschaffung: Kinder, Nachbarn, Geld 14
3.2 Bezugsquellen: Züchter oder „aus zweiter Hand“ 23
3.3 Unterbringung innen: Platzbedarf, Volieren, Reinigung 27
3.4 Unterbringung außen: Bauplanung, Materialien, Schutzhaus, Draht, Pflanzen 34
3.5 Beschäftigung und Spiel 45
3.6 Sicherheit & Praxistipps 49
3.7 Der Alltag & seine Tücken 50
3.7.1 Wohnungshaltung 50
3.7.2 Außenhaltung 53

4 Fütterung **57**
4.1 Die Morgenfütterung 59
4.2 Die Abendfütterung 60
4.3 Die Natur deckt den Tisch - Futterpflanzen 61
4.4 Hausgemachtes & tierische Proteine 64
4.5 Pellets 65

5 Gesundheit **67**
5.1 Der richtige Tierarzt & Krankheitsanzeichen erkennen 67
5.2 Medical Training 68
5.3 Notfallapotheke 71
5.4 Der Gang zum Tierarzt – Gastbeitrag von Tierarzt Hermann Kempf 74
5.5 Praxisbeispiele 79
5.5.1 Federrupfen 79
5.5.2 Zinkvergiftung 82
5.5.3 Toe-Tapping 84

6 Wesen & Charakter **85**
6.1 Paarbeziehung 85
6.2 Beziehung zum Menschen 87

7 Praxisberichte & Erlebnisse **90**
7.1 Lucky & Luna – auf Umwegen zum Glück 90
7.2 Ein Held im Federkleid 94
7.3 Liebesleben 103
7.4 Ortswechsel (Umzüge) meistern 110

Literaturverzeichnis **112**
Bildverzeichnis **112**
Register (Stichwortverzeichnis) **113**
Impressum **115**

Liebe Leserinnen und Leser,

mit dem Kauf dieses Buches haben Sie sich für eine Lektüre entschieden, in der Sie vor der Anschaffung und für die anschließend eigene Haltung von Edelpapageien wichtige Informationen erhalten.

Neben fachlichen Aspekten sollen meine persönlichen Erfahrungen eine große Rolle spielen. In dieser Kombination, hoffe ich, werden Sie am meisten über die Charakteristik dieser gefiederten Schönheiten lernen. Vor allem soll das Buch eines sein: informativ und unterhaltsam. Von einem Halter für andere Halter auf Augenhöhe geschrieben. Und das möglichst nah am Zusammenleben mit meinen Edelpapageien orientiert.

Mein Wunsch ist es, dass Sie nach dem Lesen dieses Buches selbiges mit einem Lächeln im Gesicht beiseite legen. Mit einem Lächeln, weil Sie reicher an Wissen geworden sind und auch zukünftig gern darin nachschlagen werden.

Das Buch soll jedoch nicht „nur" ein Sachbuch sein. Vielmehr soll es eine kleine Reise werden. Eine Reise vom Beginn meiner Edelpapageienhaltung bis hin zur heutigen Haltung einer kleinen Gruppe.

Ständiger Begleiter dieser Reise ist Manfred Jehl gewesen. Manfred stand mir jederzeit mit Ratschlägen zur Seite und ließ mich an seinem fundierten Wissen teilhaben. An dieser Stelle meinen aufrichtigen Dank an dich, dass du bei Fragen für mich und meine Papageien stets da warst.

Ebenfalls gilt mein Dank dem Verlag, namentlich Thorsten Gerke und René Wüst, die mir die Möglichkeit gegeben haben, meine Erfahrungen und mein Wissen erst in Veröffentlichungen im WP-Magazin und nun in diesem Buch wiederzugeben. Komplettiert wird das Buch in dankenswerter Weise im Gesundheitskapitel durch den Gastbeitrag von Tierarzt Hermann Kempf (Leiter der Exotenpraxis Augsburg).

Tannheim, im Jahr 2023
Tim Hofmann

Das Weibchen sitzt aufmerksam in Stammnähe.

1 Edelpapageien im Freiland

Bevor ich Ihnen Praxisinformation zur Haltung von Edelpapageien nahebringe, möchte ich Sie gedanklich zur anderen Erdhalbkugel mitnehmen. Wenn Sie sich intensiv damit beschäftigen, wie sich Papageien im Freiland verhalten, wie sie leben und überleben, legen Sie einen wichtigen Grundstein auf dem Weg zu einer dauerhaft erfolgreichen Haltung. Das gilt nicht nur für Edelpapageien, aber für diese Charakterköpfe und gefiederten Herausforderungen besonders.

Ich werde mich im Folgenden auf die am häufigsten in der Privathaltung vorkommenden Unterarten beziehen. Dies werden die Neuguinea-Edelpapageien *(Eclectus p. polychloros)*, Salomonen-Edelpapageien *(Eclectus p. solomonensis)* und die Halmahera-Edelpapageien *(Eclectus roratus vosmaeri)* sein. Es gibt noch weitere Unterarten, wie z.B. den Blauscheitel-Edelpapagei oder Aru-Edelpapagei. Diese sind aber in Privathand wesentlich seltener anzutreffen. Zudem unterscheiden sich die einzelnen Unterarten lediglich in Teilen des Gefieders, dessen Färbung und der Größe. In Bezug auf Wesen, Verhalten und Ansprüche an uns Menschen gibt es keine nennenswerten Unterschiede.

Während Edelpapageien zunehmend in Privathand zu finden sind, werden sie in ihren natürlichen Verbreitungsgebieten äußerst selten als Haustiere gehalten.

1.1 Verbreitungsgebiete

Der Edelpapagei und seine Unterarten bewohnen das nördliche Australien, die Molukken, Teile Indonesiens und natürlich die Inselgruppe um Papua-Neuguinea. Überwiegend besiedeln Edelpapageien dichte Wälder, bzw. dicht bewaldete Gebiete. Hin und wieder zieht es sie auch, je nach Region, in Savannengebiete, in denen noch Baumbestände vorhanden sind.

1.2 Tagesablauf und natürliches Verhalten

Der Tag beginnt für einen Edelpapagei sehr früh. Mit den ersten Sonnenstrahlen begeben sich die farbenfrohen Tiere auf Nahrungssuche. Bestritten wird der Alltag in kleinen Gruppen. In diesen überwiegt der Anteil der männlichen Tiere. Diese Verbände bestehen aus einem bis zwei Weibchen und mehreren Männchen. Scheu und wachsam wird beim kleinsten Anzeichen

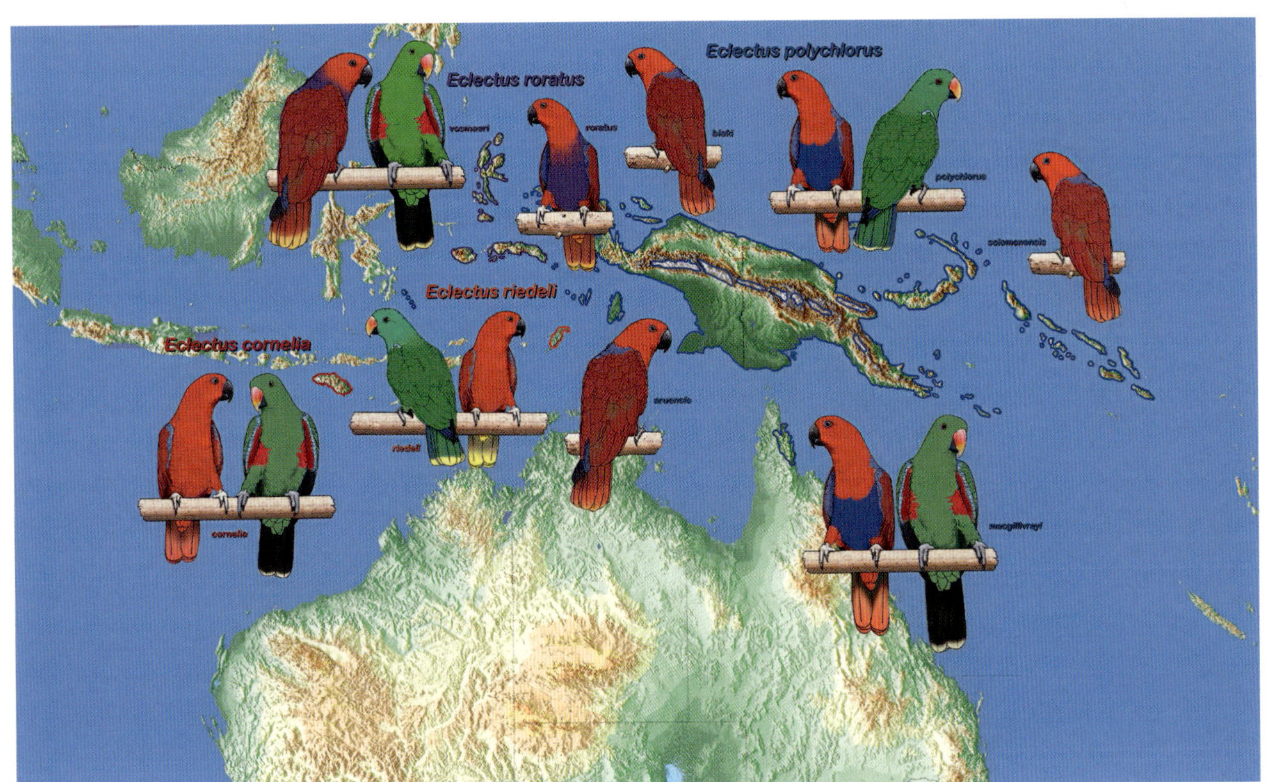

Übersicht der Verbreitungsgebiete und Unterarten.

einer Gefahr laut geschrien und der Schwarm erhebt sich in die Lüfte. Der Flug von Edelpapageien wirkt langsam; man könnte sogar träge sagen. Die Flügelschläge sind sehr vorsichtig und der allgemeine Flug wird von vielen Gleitphasen unterbrochen.

Innige Nähe ist unter den polygam lebenden Edelpapageien eine Seltenheit.

Edelpapageien pflegen keine sonderlich enge Bindung untereinander. Von Monogamie halten diese Schönheiten nichts. Die meiste Zeit des Tages verbringen sie einzeln oder in kleineren Gruppen, welche überwiegend aus Männchen bestehen. Die Weibchen sind eher im dichten Blattwerk der Bäume, in Stammnähe, anzutreffen. Durch ihr auffällig gefärbtes Gefieder werden sie leicht von Raubtieren entdeckt. Das dunkle Braun der Rinde bietet eine gewisse Form der Tarnung und somit Schutz. Durch Ruflaute fallen größtenteils die Männchen auf, welche einzeln auf freiliegenden Ästen ruhen.

Während die Weibchen gut versteckt viel Zeit des Tages in Stammnähe oder einer potenziellen Höhle verbringen, sitzen die Partnertiere einige Meter weiter. Nicht selten sitzen die Männchen sogar in anderen Bäumen.

1.3 Nahrungssuche

Auf dem Weg in ihre bevorzugten Nahrungsgebiete fliegen Edelpapageien, sofern es das Gelände zulässt, nur wenige Meter über dem Boden. Im Gegensatz hierzu wird in dicht bewaldeten Gebieten hoch über den Baumkronen geflogen, um stets „Herr der Lage“ zu sein. Die Männchen fliegen auf dem Weg zur Nahrungssuche voran. Dies dient dem Schutz der schlecht getarnten Weibchen.

Im Vergleich zu vielen anderen Tieren zieht es Edelpapageien während der Nahrungssuche nicht in Menschennähe. Die Plantagen innerhalb ihrer Verbreitungsgebiete bleiben meist unberührt.

Die Nahrungsaufnahme findet im hochgelegenen Astwerk statt.

Auf dem Speiseplan stehen Früchte wie beispielsweise:

- Bananen
- Papaya
- Feigen

Bevorzugt werden reife und unreife Früchte, darunter, neben den drei oben genannten, Beeren und Trauben, sowie Knospen und Nektar. Die Nahrungsaufnahme findet weit oben in Baumwipfeln statt, um die Gefahr durch Fressfeinde zu minimieren. Je nach Gebiet kann es vorkommen, dass Edelpapageien auch niedrige Bäume aufsuchen, um sich den Kropf zu füllen.

Sie wollen oft und gerne hoch hinaus.

1.4 Brutphase

Edelpapageien haben im klassischen Sinne keine festen Brutphasen. Gebrütet wird, wenn die natürlichen Rahmenbedingungen für ein Paar passend erscheinen. Zu diesen Faktoren zählen:

- das Vorhandensein eines Partnertieres
- eine Nistmöglichkeit
- klimatische Bedingungen wie Luftfeuchtigkeit und Temperatur
- ein üppiges Nahrungsangebot

Jedoch kann das auch abhängig von der Unterart und der dazugehörigen bewohnten Region sein. Während z.B. Aru-Edelpapageien (Unterart der Eclectus-Familie) bevorzugt in den Monaten Juni bis August brüten, nisten Edelpapageien im nördlichen Australien häufig von Oktober bis Januar.

Das Nest befindet sich in hoch gelegenen, abgestorbenen Baumstämmen. Die Bruthöhle hat einen Innendurchmesser von 25 cm bis 30 cm und ist zwischen 30 cm und bis zu 6 m tief. Man konnte sogar beobachten, dass größere, vor allem morsche Bäume und deren natürliche Höhlen von mehreren Paaren für eine Brut gleichzeitig genutzt wurden.

Mit abgenagten Ästen und Holzteilen, sowie Laub, wird das Nest bestückt. Die frisch benagten Hölzer dienen nicht nur zur richtigen Ablage der Eier, sondern regulieren auch die Luftfeuchtigkeit im Nest. Das Gelege besteht aus bis zu drei Eiern, welche circa 14 bis 21 Tage nach dem Tretakt abgelegt werden. Die Brutdauer beträgt 28 bis 30 Tage.

Während die Weibchen dauerhaft, nur von kurzen Pausen unterbrochen, brüten, werden sie in dieser Zeit von mehreren Männchen umsorgt. Ist das Nest sicher und die werdende Mutter versorgt, fliegt das Männchen hoch oben bei der Suche nach Nahrung. So wird das Anlocken von Fressfeinden vermieden.

Diesen Vorgang konnte ich bereits selbst bestaunen. Während unser Weibchen circa 23,5 Stunden am Tag mit dem Brüten beschäftigt war, hat sich ihr Partner fürsorglich um sie gekümmert. Für das Männchen ist das Versorgen ein kräftezehrender Vorgang. Eine engmaschige Überwachung des Gesundheitszustands ist in Menschenobhut notwendig.

In der Nestlingzeit, also nach dem Schlupf der Jungvögel, verbleibt das Weibchen über den gesamten Zeitraum von ungefähr 80 Tagen in der Nisthöhle. Nur selten verlässt sie ihre Jungen in dieser Phase. Nach dieser Zeit wird das Weibchen dem Nachwuchs gegenüber meist aggressiv, um diese aus dem Nest zu vertreiben.

Einen Praxisbericht zum Thema Liebesleben der Edelpapageien finden Sie im Kapitel 7 und zwar ab Seite 103.

Betty bebrütet durchgängig die gelegten Eier.

Das behutsame Drehen der Eier ist ein bewundernswerter Vorgang.

2 Taxonomie/Systematik (Unterarten)

Wenn wir von Unterarten sprechen und Vergleiche ziehen, gehen wir immer vom Seram-Edelpapagei (*Eclectus roratus*) P.L.S. Müller 1776 aus.

Das Grundgefieder des Männchens zeichnet sich durch ein sattes Dunkelgrün aus, welches oft einen leicht gelblichen Anflug aufweist. Die Körperseiten und Unterflügeldecken sind rot, Unterschwanzdecken grün. Der Bug der Flügel des Seram-Edelpapageien ist kräftig blau und die Außenfahnen der Handschwingen dunkelblau mit einem schmalen, grünen Saum. Die Schwanzfedern sind grün mit olivgelber Spitze, hingegen sind die äußeren Schwanzfedern schwarzgrün und zur Spitze hin schwarzblau.

Eingesäumt sind die Schwanzfedern von einem gelblichweißen Randsaum. Der Oberschnabel ist rot mit gelber Spitze, während der Unterschnabel schwärzlich ist. Die Iris ist gelb bis orangegelb und die Füße sind dunkelgrau.

Das Grundgefieder der Weibchen ist dunkelrot. Die Rückenpartie und die Flügel sind in einem Braunrot gefärbt. Der Bauch, die Körperseiten sowie die Unterbrust zeichnen sich durch ein violettes Band aus, welches sich

Seram-Edelpapagei (Eclectus roratus)

bis über die Nackenpartie und die hintere Halspartie zieht. Der Flügelbug und der Flügelsaum sind violettblau, die Unterflügeldecken dunkelviolettblau. Hand- und Außenfahnen der Armschwingen sind dunkelblau gefärbt. Die Unterschwanzdecken sind rot mit gelbem Anflug in den Spitzen, während die Schwanzoberseite orangerot gefärbt ist mit einem dunklen Zentrum und gelblichen Säumen. Ähnlich wie beim Männchen sind die Iris gelblich und die Füße dunkelgrau.

Unabhängig vom Geschlecht ist der *Eclectus roratus* 35 cm groß und hat eine Flügelspannweite von 228 bis 250 mm.

2.1 Neuguinea-Edelpapagei *(Eclectus p. polychloros)*

Das grüne Grundgefieder der Männchen hat bei den Neuguinea Edelpapageien einen gelblichen Anflug. Die sonst dunklen Schwanzfedern sind an der Unterseite gelb eingesäumt. Beim Öffnen der Schwingen zeigen sich dunkle Schwungfedern, welche auf der Innenseite türkis und gelblich eingesäumt sind, auf der Außenseite dunkelblau und gelb. Der Oberschnabel ist rötlich mit gelber Spitze.
Die Weibchen tragen ein hellrotes Grundgefieder. Die Rückenpartie und die Flügel neigen ins Braunrote.

Neuguinea-Edelpapagei (Eclectus p. polychloros)

Der Neuguinea Edelpapagei wird in Privathand am häufigsten gehalten.

Der Bauch, die Körperseiten und Unterbrust, sowie ein Band über dem Nacken und dem hinteren Hals sind violett. Der Flügelbug und Flügelsaum sind ebenfalls violett mit einem bläulichen Anflug. Die Hand-Außenfahnen der Armschwingen sind dunkelblau. Die Schwanzoberseite ist rot mit einem deutlich erkennbaren orangenen Saum. Der Schnabel ist schwarz und die Iris weist eine gelbliche Färbung auf. Markant ist auch der violette Ring um das Auge.

Mit einer Körpergröße von ca. 37 cm und Flügelmaßen bis zu 280 mm sind die Neuguinea- Edelpapageien für kurzschwänzige Papageien stattliche Exemplare.

2.2 Salomonen-Edelpapagei
(Eclectus p. solomonensis)

Die Färbung des Männchens ist der von Neuguinea Edelpapageien sehr ähnlich. Das grüne Grundgefieder weicht jedoch etwas ins Gelb ab. Der markanteste Unterschied liegt im Vergleich zum *Eclectus p. polychloros* in der Körpergröße. Der Salomonen-Edelpapagei ist deutlich kleiner.

Auch bei den Weibchen gibt es kaum nennenswerte äußerliche Unterschiede. Hier ist ein deutliches Erkennungsmerkmal die Körpergröße. Der violette Ring um die Augen ist im Vergleich zum Neuguinea Edelpapagei etwas breiter.

Salomonen-Edelpapagei (Eclectus p. solomonensis)

2.3 Halmahera-Edelpapagei
(Eclectus r. vosmaeri)

Die Männchen haben, wie der Seram-Edelpapagei, ein grünes Grundgefieder. Dieses ist jedoch heller und mehr gelblich als das Federkleid des roratus. Diese gelbliche Färbung ist besonders am Hinterkopf, Nacken und Rücken erkennbar. Zudem sind die rötlichen Färbungen an den Körperseiten ausgedehnter. Die Außenfahnen der Handschwingen haben keinen schmalen, grünen Saum. Der weißgelbe Saumrand an den Schwanzfedern ist breiter als bei Seram-Edelpapageien.

Das Grundgefieder der Weibchen ist etwas heller als das der weiblichen Seram-Edelpapageien. Die violette Oberbrust wirkt mit roten Anteilen etwas verwaschen. Die Unterschwanzdecken sind gelb, bei einigen Vögeln sind sie leicht rot. Die Schwanzoberseite ist rot mit deutlich abgrenzendem, gelbem Saum. Die Schwanzunterseite ist rot mit dunklem Anflug und einer breiten, gelben Spitze.

Die Halmahera-Edelpapageien sind mit circa 38 cm und Flügelspannweiten bis zu 290 mm deutlich größer als der Seram-Edelpapagei.

> Unterartenreine Halmahera-Edelpapageien sind bei Züchtern sehr begehrt, da zunehmend Unterarten vermischt werden.

Halmahera-Edelpapagei (Eclectus r. vosmaeri)

3 Haltung von Edelpapageien

Nun haben Sie Einblicke in die Systematik von Edelpapageien erhalten. Ebenso konnten Sie Eindrücke sammeln, wie sie sich im Freiland verhalten. Zwei wichtige Bausteine bei der Haltung dieser wundervollen Tiere in menschlicher Obhut.

In einer Außenvoliere fühlen sich Edelpapageien erst so richtig wohl.

3.1 Gedanken vor der Anschaffung

Ein Blick in die Zukunft

Die erste und wichtigste Frage, die Sie sich stellen, sollte sein: „Kann und will ich einer Gruppe Edelpapageien dauerhaft ein tiergerechtes Zuhause bieten?“

Allgemeine Punkte können zum Beispiel sein:

- Ihr persönliches Alter
  Edelpapageien können bis zu 40 Jahre alt werden. Sind Sie bereits im fortgeschrittenen Alter, sollten Sie sich damit befassen, wer die Pflege Ihrer Papageien übernehmen kann.
- Wie steht Ihr Partner zu dem Vorhaben?
  Papageienhaltung ist Zusammenarbeit in der Familie und lässt nur wenige Kompromisse zu. Diese Schönheiten haben ein einnehmendes Wesen, das alle Familienmitglieder fordert.

Weiterführende Punkte können unter anderem sein:

- Steht in naher Zukunft ein Berufswechsel an, der möglicherweise durch Schichtbetrieb die Versorgung der Edelpapageien erschwert?
- Ist ein Umzug geplant und wenn ja, finden bei diesem Vorhaben die gefiederten Mitbewohner ebenfalls ihren Platz?
- Wie steht es um die Familienplanung?
  Edelpapageien binden sich mitunter sehr eng an ihre Bezugsperson. Ein Kind könnte hier zu Eifersucht und Unmut bei den Papageien führen.

Diese Punkte sollen nur beispielhaft veranschaulichen, wie weitreichend diese Tiere ihr Leben beeinflussen und mitbestimmen werden. Ich weiß noch, wie wir damals vor dieser Entscheidung standen. Das Gefühlschaos war doch recht groß. Während ich mit Sittichen aufgewachsen bin und diese immer Wegbegleiter waren, hatte meine Freundin keine Berührungspunkte mit der Haltung von Papageien. Sie konnte sich nur schwer vorstellen, was es bedeutet, Großpapageien ein Zuhause zu geben.

Ich kann Ihnen hier nur anraten, sich die Zeit zu nehmen, die Sie brauchen. Überhastete Entscheidungen in Verbindung mit solchen sensiblen Lebewesen führen nur selten zu einem langfristigen, gemeinsamen Leben.

Kleinkinder auf Lebenszeit

In erster Linie sollten Sie sich bewusst werden, dass Sie sich zwei Tiere ins Haus holen, die bei gutem Allgemeinzustand und gesunder Ernährung circa 40 Jahre alt werden können. Vier Jahrzehnte, die diese Lebewesen im besten Fall bei Ihnen verbringen. Hinzu kommt, dass Edelpapageien auf dem geistigen Stand eines circa zweijährigen Kindes sind – und bleiben. Ein Intellekt, der immer ausgelebt und gefordert werden möchte.

Nun mag der eine oder andere denken, dass dies als eine „niedliche" Charaktereigenschaft zu bewerten ist. Vermutlich wird es bei Einzelnen von Ihnen lebhafte Erinnerungen an das Aufwachsen der eigenen Kinder wecken. Zwar werden Edelpapageien älter, jedoch nicht erwachsener. Statt vom Kind zum Erwachsenen zu reifen, bleiben sie ein Leben lang meist liebevolle Kindsköpfe.

Regelmäßig duschen ist Pflicht, damit das anspruchsvolle Gefieder intakt bleibt.

Reden ist Gold: Nachbarn, Vermieter & Co.:

Wenn Sie zur Miete wohnen, stimmen Sie Ihr Vorhaben unbedingt mit dem Vermieter ab, ebenso mit etwaigen Nachbarn. Menschen werden meist toleranter, wenn sie in solche Entscheidungen einbezogen werden. Edelpapageien sind im Grunde zwar recht ruhige Mitbewohner, trotzdem haben sie eine gewaltige Stimmkraft, von der sie auch gern Gebrauch machen. Die Lautstärke von Papageien ist meiner Erfahrung nach einer der häufigsten Gründe, warum sie wieder abgegeben werden müssen.

Edelpapageien können mit ihrer Stimmgewalt um die 100 Dezibel erreichen. Dies entspricht einer laufenden Kreissäge.

Anders als Wellen- und Nymphensittiche, welche mittlerweile als domestiziert betrachtet werden, gelten Großpapageien als Exoten. Als Exotenhalter haben Sie in Sachen Lärmbeschwerden schnell das Nachsehen. Während Kinderlärm als zumutbare Lärmbelästigung gilt, müssen Nachbarn die Geräusche von Papageien nicht dulden.

Diese Einordnung treffe ich unter Berücksichtigung verschiedener Rechtsprechungen sowie Kommentierungen von Gerichtsurteilen in der Fachzeitschrift PAPAGEIEN (Autor Dietrich Rössel). Herauszulesen ist, dass die Rechtsprechung teilweise unterschiedliche Wege geht. Auszugehen ist somit immer von einer Einzelfallentscheidung unter Berücksichtigung von Faktoren wie:

- Wohnort und Art der Bebauung (Wohngebiet, Mischgebiet, landwirtschaftliche Nutzung)
- Anzahl und Art der gehaltenen Papageien

Meine Erläuterungen sollen Sie als (angehenden) Edelpapageienhalter in Sachen Exotenlärm sensibilisieren. Das oberste Gebot sollte Konversation statt Konfrontation sein.

Ein nettes Gespräch über den Zaun ist besser als über Anwälte!

Auch Wohneigentum schützt Sie bei Beschwerden nicht. Es sei denn, im Radius von 500 Metern um Sie herum befindet sich kein weiteres Wohngebäude. Ich habe die Erfahrung gemacht, dass das offene Gespräch nicht immer der einfachste Weg ist, langfristig gesehen aber der beste. Zudem erhöht es maßgeblich die Chancen, dass ein gutes nachbarschaftliches Verhältnis bestehen bleibt – auch wenn es mal lauter wird.

Meine Erfahrung mit den Nachbarn

„Mein Grundstück, meine Regeln." So denken viele, jedoch trifft dieser Satz (leider) nur bedingt zu. Wir sprechen bei der hobbymäßigen Papageienhaltung von einer Form der Freizeitgestaltung. Durch diese können sich andere Menschen beeinträchtigt fühlen (Thema Lärm). In Deutschland ist es üblich, dass es für alles Regeln, Normen und Gesetzesvorschriften gibt. Gesetze dienen dazu, das gesellschaftliche Miteinander abzusichern. Ich möchte nicht zum Widerstand aufrufen, jedoch den Sinn mancher Vorschriften durchaus in Frage stellen. Während Sie in einem Wohngebiet (im baurechtlichen Sinne) 20 Hühner inklusive eines Hahns halten dürfen, können sich manche Ämter/Gemeinden und auch Nachbarn mit zwei Papageien nicht anfreunden.

Wir sind in ein großes Haus mit tollem Garten gezogen, 1.600 m² mit einer wunderschön eingewachsenen Gartenfläche. Wir haben Nachbarn zu unserer linken und rechten, sowie stirnseitig. „Umzingelt" sind wir von einem älteren Herrn, einem Pärchen mittleren Alters, einem Ehepaar, welches seinen Ruhestand genießt, und einer jungen Familie.

Bevor wir den Antrag auf die Baugenehmigung für eine Außenvoliere eingereicht haben, führte mich mein Weg zu unseren angrenzenden Nachbarn. Gewappnet mit Bauplänen habe ich das offene Gespräch gesucht. Bei den Unterredungen bin ich auf die Charakteristik unserer Edelpapageien eingegangen und habe in groben Zügen ihr Wesen erläutert. Hauptaugenmerk bei allen Gesprächen war die vermeintliche Lautstärke (welche auch die Sorge zweier Familien war). Offen und ehrlich haben wir diesen Schwerpunkt erläutert.

Fans und Kritiker

Der ältere Herr, dessen Grundstück direkt an unser Bauvorhaben grenzt, erwies sich als größter Fan. Unsere Papageien pfeifen sehr gern, von Zeit zu Zeit höre ich ihn bei der Gartenarbeit im Duett mit unseren Edelpapageien. Ungefragt dürfen wir seinen Grund betreten, um Erdbeeren oder Kirschen für unsere Vögel zu sammeln.

Der größte Kritiker war eine junge Familie. Es sind die Nachbarn, die am weitesten von uns entfernt wohnen. Getrennt wurde unser Vorhaben nicht nur von etlichen Metern Luftlinie, sondern auch von zahlreichen alten Bäumen und Sträuchern. Sichtkontakt besteht nicht. Die Ruflaute unserer Edelpapageien sind an der Grundstücksgrenze durch die bei uns lebenden Wildvögel kaum hörbar.

Viele von Ihnen hatten wahrscheinlich den älteren Herren als Kritiker „im Verdacht". So erging es mir bei den ersten Planungen ebenfalls. Jedoch wurde ich eines Besseren belehrt. Am Ende sind wir so verblieben, dass wir unsere Papageien für einen Sommer im Schutzhaus unterbringen (ohne Freiflugbereich), welches natürlich mit Fenstern ausgestattet war. Ziel des Ganzen war, dass unsere Nachbarn ein Gefühl dafür bekommen, wie laut Edelpapageien tatsächlich sind und ob sie im Alltag überhaupt hörbar sind.

Das Resultat war, dass selbst kritische Nachbarn sagten, sie würden die Papageien nur äußerst selten zwischen den bei uns lebenden Wildvögeln heraushören und wenn, dann nur sehr kurz. Somit wurde die Zustimmung erteilt und der Bau konnte beginnen – ganz ohne Streit.

In den vorangegangenen Zeilen erwähnte ich, warum es wichtig ist, die Nachbarn mit einzubeziehen. Nicht nur, um mögliche Streitigkeiten zu vermeiden, sondern weil es auch das Baurecht erfordert. Bei genehmigungspflichtigen Bauvorhaben muss die Zustimmung der angrenzenden Nachbarn eingeholt werden.

Das liebe Geld

Ein weiterer Aspekt ist das liebe Geld. Ich gebe Ihnen recht, das ist nicht das schönste Thema. Aber der Vollständigkeit halber muss es auch Erwähnung finden. Aus der Erfahrung heraus kann ich Ihnen sagen, dass die Anschaffungskosten für ein Paar Edelpapageien nur einen geringen Anteil der tatsächlichen Kosten ausmachen. Diese können sehr unterschiedlich sein und sind auch davon abhängig, ob Sie Ihre Papageien

- aus einem Verein oder Tierheim,
- von einem privaten Halter oder
- von einem Züchter

übernehmen. In der Regel belaufen sich die Anschaffungskosten auf circa 700 - 1.200 Euro. Der Kaufpreis ist ebenfalls abhängig von der jeweiligen Unterart. Während zum Beispiel ein Paar Neuguinea-Edelpapageien eher „günstig" ist (circa 800 Euro), können für ein unterartenreines Paar Halmahera-Edelpapageien auch bis zu 1.500 Euro und mehr aufgerufen werden. Die vorgenannten Preisspannen beruhen auf eigener Recherche und Rücksprachen mit Züchtern im deutschsprachigen Raum sowie Marktbeobachtungen. Als Interessentem können Ihnen überraschende Abweichungen begegnen (eher nach oben als nach unten).

Doch vor dem Kauf des Paares sollten Überlegungen zur artgerechten Unterbringung Ihr Handeln bestimmen. Ich empfehle Ihnen, hierzu einen Volieren- oder Tiergehegebauer aus der Region hinzuzuziehen. Diese können Sie individuell beraten und auch maßgeschneiderte Lösungen für Ihre Wohnsituation bieten.

Sollten Sie handwerkliches Geschick, Geduld und passendes Werkzeug haben, dann können Sie die Voliere natürlich selbst bauen. Bisher habe ich alle Volieren in Eigenregie errichtet, auch das Außengehege im Garten. So nervenaufreibend es sein kann, so viel Spaß macht es auch. Und vor allem: Nach getaner Arbeit ist man umso erfreuter, wenn dann der Einzugstermin ansteht.

Die Kosten für unsere erste Außenvoliere inklusive Schutzhaus beliefen sich auf circa. 3.000 Euro Materialkosten. Diese haben wir vollständig selbst gebaut; sie hatte eine Grundfläche von knapp 40 m^2.

Frisch und gesund - so mögen es Edelpapageien am Liebsten.

Selbst bauen, sofern man es richtig macht, kostet, je nach Größe, mehrere hundert bis einige tausend Euro. Auf die Größen von Volieren möchte ich im folgenden Kapitel eingehen.

Neben der artgerechten Unterbringung wollen Edelpapageien entsprechend versorgt werden. Täglich muss Obst und Gemüse angeboten werden – am besten in Bio-Qualität. Es lohnt sich, zum Hofverkauf eines ansässigen Landwirts zu gehen. Dieser wird Ihnen genau sagen können, ob und mit welchen Mitteln seine Waren behandelt werden. Zudem leisten Sie einen tollen Beitrag für die Region. Im Durchschnitt wenden meine Lebensgefährtin und ich im Monat 150,00 Euro dafür auf. Welche Obstsorten im Einkaufskorb landen, erfahren Sie im Kapitel Ernährung.

In unregelmäßigen Abständen kommt auch eine Rechnung des Tierarztes ins Haus. Die Hintergründe können von einer routinemäßigen Untersuchung bis hin zum Notfall reichen. Zwei Beispiele aus der Praxis:

1. Schnabelkorrektur: rund 65,00 EUR
2. Schnabelfraktur und Anschlussbehandlung: rund 3.000,00 EUR

Die jährliche Routineuntersuchung kostet circa 300,00 Euro pro Vogel. Kosten für ambulante und stationäre Behandlungen im Krankheits- oder Notfall können schnell einen vierstelligen Betrag erreichen.

Freizeit ist nicht gleich freie Zeit

Papageienhaltung bedeutet neben Freude und Glück eins: Verzicht. Spontane Kurzurlaube werden zu einem Fremdwort. Die Planung für den Jahresurlaub benötigt mehr Vorlaufzeit. Bitte bereiten Sie sich auch darauf vor, dass die Urlaubsvertretung mit einem Notfall konfrontiert sein könnte und entsprechend reagieren muss.

Schnell werden Sie auch feststellen, dass der geliebte Wecker nun jeden Morgen eher klingelt. Edelpapageien wollen mit einem frischen, ausgewogenen Frühstück geweckt werden – wer kann es Ihnen verübeln?

Welche Leckereien in den Näpfen landen, erfahren Sie im Kapitel „Fütterung". Das Frühstück ist verputzt und der Kropf ist schon wieder leer. Also: Näpfe sammeln, auswaschen, Gemüse und etwas Obst zubereiten. Ja, zwei Mal täglich machen wir das Ganze, 365 Tage im Jahr, bis zu 40 Jahre.

Kinder und Edelpapageien in einem Haushalt

Leben Kinder im Haushalt? Dann sollten sie bereits die Reife haben, in der sie verstehen, wie man mit Papageien behutsam umgeht. Werden diese Schönheiten in Situationen gedrängt, die für sie unangenehm sind, gibt es nur drei Eskalationsstufen:

1. Flucht, als Ausweg aus der Situation
2. Drohgebärden, welche erkannt und ernstgenommen werden müssen
3. Der Biss als letzte Konsequenz
   Und ich verspreche Ihnen, der Biss eines Edelpapageien geht immer blutig aus.

Auch wenn Jorden noch jünger ist, kann er das Verhalten von Lucky interpretieren.

Papageien und andere Tiere gemeinsam halten?

Im Internet kursieren immer wieder Bilder und Videos von Papageien, in denen sie mit anderen im Haushalt lebenden Tieren wie Hunden und Katzen interagieren. Das mag in den Momentaufnahmen „süß" oder „lustig" wirken – ist aber grob fahrlässig.

> Zu unserem Haushalt gehören nicht nur über 20 Papageien und Sittiche, sondern auch zwei Katzen. Wir legen großen Wert auf strikte Trennung.

In den vielen Jahren meiner Papageienhaltung wurde ich immer wieder mit diesem Thema konfrontiert. Aussagen wie:

- „Ich kenne meine Katze, die tut nichts!"
- „Ich lasse sie nur unter Aufsicht zusammen."

sind zu lesen. Ein Hunde- oder Katzenhalter kann weder instinktives Verhalten unterdrücken, noch jederzeit Herr der Lage sein. Sekundenbruchteile reichen aus, um eine vermeintliche Harmonie zu zerstören. Es sind in der Praxis nur Augenblicke, in denen es nicht möglich ist, einzugreifen, um verheerende Verletzungen oder gar Schlimmeres zu verhindern.

Gerade Edelpapageien sind sture und charakterstarke Wesen mit starker Bindung zu ihrer Bezugsperson. Allein das Gefühl der Eifersucht kann zur Eskalation einer Situation mit anderen Tieren führen.
Es mag der Eindruck entstehen, dass es mehr Bild- und Videomaterial von Situationen gibt, in denen ein Zusammenleben funktioniert. Ich versichere Ihnen, dass das reibungslose Miteinander von Papagei mit Hund oder Katze die Ausnahme ist.

„Ich möchte zahme Papageien"
Ein Satz, den man sehr häufig liest oder hört. „Zahm" ist jedoch nichts anderes als eine Art Stempel, den man Papageien aufdrückt. Denn was bedeutet zahm? Bedeutet es, dass Sie Ihre gefiederten Mitbewohner kraulen wollen? Oder sollen sie vielleicht nur auf die Hand und die Schulter kommen?

Papageien sind Wildtiere und das sollten sie auch in unserer Obhut sein dürfen. Bei einer übermäßigen Hinwendung zum Menschen spricht man von einer Verhaltensstörung. Wir Menschen würden mit einer vergleichbaren Störung den Gang zum Psychologen antreten. Papageien hingegen bleibt nichts anderes übrig, als still vor sich hin zu leiden.

Genau so ist es zu betrachten, wenn Menschen auf die Idee kommen, nur einen Papagei zu halten, um das Ziel der „Zahmheit" zu erreichen. Hier wird der menschliche Wille über das Tierwohl gestellt. Die Einzelhaltung eines hochintelligenten und sozialen Wesens, wie es Edelpapageien sind, ist nach wie vor tierschutzwidrig.

Auch Fellnasen sind tolle Haustiere. In der Nähe unserer Papageien haben sie jedoch nichts zu suchen.

Auch kursiert die Meinung, dass Naturbruten (Papageien, die von den Eltern aufgezogen und mit den Geschwistern aufgewachsen sind), nicht zahm werden. Dies kann ich jedoch absolut entkräften. Naturbruten gewöhnen sich hervorragend an den Menschen, sofern wir Halter ihnen die Zeit geben, die sie brauchen.

Lucky kam zu uns „aus zweiter Hand“.

3.2 Bezugsquellen: Züchter oder „aus zweiter Hand“

Wenn Sie sich für den Kauf beim Züchter entscheiden, schauen Sie sich seine Anlage genau an und behalten Sie folgende Gedanken im Hinterkopf:

1. Ein guter Züchter pflegt nicht nur seine Papageien, sondern auch seine Gehege. Diese sollten sauber und ordentlich sein. Das gilt auch für die Futter- und Trinkschalen.
2. Wirken die Tiere gesund auf Sie oder krank?
3. Ist der Umgang mit den Papageien pfleglich oder werden diese als „Ware“ betrachtet?
4. Wie offen wird auf Ihre Fragen eingegangen?

Jungvögel sollten mindestens sechs bis neun Monate bei den Elterntieren verbleiben. In dieser Zeit werden die jungen Edelpapageien auf ihr Leben vorbereitet. Sie lernen die richtige Futteraufnahme und werden durch die Eltern sowie Geschwister hervorragend sozialisiert. So wie wir Menschen unsere Kinder auf das spätere Leben vorbereiten, machen dies auch Papageien.

Schlecht sozialisierte und durch den Menschen aufgezogene (Edel-) Papageien haben es spätestens mit Erreichen der Geschlechtsreife alles andere als einfach. Wie soll sich ein Papagei, der nicht im Familienverband aufgewachsen ist und dessen Verhalten nicht richtig einordnen kann, mit einem Artgenossen verständigen und mit ihm leben?

In diesem Zusammenhang spricht man Jahre später von „Problemvögeln“, die im Tierheim landen, weil die Halter mit ihnen überfordert sind.

Achten Sie beim Kauf vom Züchter darauf, dass es sich nicht um Geschwister handelt. Probleme in Form von Disharmonie mit Erreichen der Geschlechtsreife sind hierbei keine Seltenheit. Ein weiterer Punkt gegen das Halten von Geschwistertieren ist das Thema Inzucht.

Durch die stetige Vermehrung und Weitergabe von Edelpapageien der gleichen Blutlinie entstehen zwei weitere Probleme:

1. Die sonst sehr robusten Tiere werden anfälliger für Krankheiten.
2. Die Lebenserwartung nimmt ab.

Eine zweite Chance – Edelpapageien aus dem Tierheim

Entscheiden Sie sich für „Second-Hand-Vögel“, also Tiere aus dem Tierheim oder privater Abgabe, dann leisten Sie einen nicht unerheblichen Dienst für das Lebewesen. Zugegeben: Der Anfang ist etwas schwerer. Jeder Papagei, den Sie übernehmen, hat eine Vorgeschichte. Wie auch bei uns Menschen wird das Verhalten durch Erfahrungen geprägt. Machen Sie sich das bewusst.

Meine persönlichen Erfahrungen:
Der steinige Weg ist der, der am Ende mit Dank gepflastert ist. Ich selbst habe meine ersten Edelpapageien aus dem Tierheim. Die Anfangszeit mit diesen Exoten war genauso schön wie lehr- und arbeitsreich. Arbeitsreich deshalb, weil das Interagieren und Leben mit Papageien, die von Negativerfahrungen geprägt sind, nicht leicht ist. Wenn jedoch fortlaufend kleine Schritte nach vorn gemacht und beibehalten werden, ist am Ende die Freude umso größer – vor allem das Vertrauen.

Gleiches kann Ihnen natürlich beim Kauf vom Züchter widerfahren. In beiden Fällen sind jedoch die wichtigsten Bausteine auf dem Weg zum Papageienhalter:

1. Geduld, denn unter Stress stehende Papageien sind wie bockige Kinder
2. Arbeit mit Edelpapageien. Hier gilt: Fordern, nicht überfordern
3. Aus Zuwendung entsteht Vertrauen, einer der wichtigsten Grundsteine

Unser Weg zu Lucky und Luna
Der Weg vom Interessenten zum Halter war bei uns sehr angenehm. Während der Dauer vom ersten Gespräch bis hin zum Einzug wurden wir vom Tierheim begleitet und unterstützt. Ebenfalls ein Punkt, an dem Sie einen guten Züchter erkennen.

Nicht selten ist es so, dass Papageien, die schon das eine oder andere Mal abgegeben wurden, keine Papiere mehr haben. Edelpapageien sind im Washingtoner Artenschutzabkommen unter Anhang B gelistet. Das heißt, sie benötigen einen Herkunftsnachweis und sind meldepflichtig. Meldepflichtig bedeutet, dass Sie mit dem Einzug Ihrer Schützlinge diese unter Vorlage des Herkunftsnachweises bei dem für Sie zuständigen Landratsamt anmelden müssen. Das ist nur eine Formalie, welche nicht einmal einen Gebührenbescheid nach sich zieht. Jedoch eine notwendige. Wer artgeschützte Papageien ohne Papiere und Anmeldung hält, macht sich strafbar. Dies führt eine nicht unempfindliche Geldstrafe nach sich, welche den Wunsch nach einem neuen oder auch gebrauchten, aber noch neuwertigen Auto schnell verpuffen lässt.

Besuch bei Lucky und Luna im Tierheim

Haben die Tiere, die Sie adoptieren möchten, keine Papiere, gehen Sie unbedingt VOR Einzug auf das zuständige Landratsamt zu. Dieses wird Ihnen die Tiere „legalisieren". Oftmals werden die Tiere dann durch das Land formell beschlagnahmt und in Ihre Obhut überlassen. Somit ist das jeweilige Bundesland Eigentümer und Sie der Halter. Manchmal ist es jedoch auch so, dass die Tiere „geduldet" werden, dann sind Sie rechtmäßiger Eigentümer und Halter.

Bescheinigung der für die Meldung eines artgeschützten Tieres zuständigen Behörde zur Vorlage bei der Tierheim München GmbH

Hiermit wird bescheinigt, dass keine Einwände gegen die Übernahme von artgeschützten Tieren aus dem Tierheim München bestehen.

Duldungsvereinbarung

Einen ausführlichen Bericht, wie die Anfangszeit mit den beiden Edelpapageien war, finden Sie im Kapitel 7.

Augen auf beim Papageienkauf – Schutz vor Betrug

Wenn Sie das Internet nach Tierheimen in Ihrer Nähe durchstöbern oder nach Züchtern suchen, dann stoßen Sie auf die verschiedensten Inserate und Anzeigen. Portale wie zum Beispiel eBay und Facebook haben bereits die kommerzielle Weitergabe unter Artenschutz stehender Tiere untersagt.

Seriöse Verkäufer verlangen keine Anzahlung und geben Ihnen die Möglichkeit, die Tiere vorher in Augenschein zu nehmen und kennenzulernen.

Hinter einigen Anzeigen verstecken sich Betrüger, die lediglich an eins wollen: Ihr Geld.

Anzeichen für ein fingiertes Inserat sind:

1. Der Beschreibungstext liest sich wie eine frühe Version des Google-Übersetzers.
2. Die Bilder wirken wie Poster, nicht wie Fotografien aus dem täglichen Leben.
3. Auch der Preis ist weit unterhalb üblicher Marktwerte.
4. Der vermeintliche Verkäufer verspricht den „perfekten" Vogel und drängt auf eine zügige Abwicklung des Geschäfts.

Spätestens bei Kontaktaufnahme mit den Inserierenden werden bei Ihnen die „Alarmglocken läuten". Auf Ihre Fragen wird wenig bis gar nicht eingegangen. Stattdessen erhalten Sie genaue Vorgaben, wie das Geschäft abzuwickeln ist. Am Ende werden Sie aufgefordert, eine Anzahlung zu leisten. Für die aufgebrachte Summe werden Sie niemals einen Papagei sehen und das Geld ist auch weg.

Fazit

Ob Sie zum Züchter gehen oder ins Tierheim, es gilt das Gleiche: Verbringen Sie möglichst viel Zeit mit diesen gefiederten Schönheiten. So lernen Sie Ihre potenziellen neuen Mitbewohner besser kennen. Die charakterliche Harmonie zwischen Edelpapagei und Halter spielt eine wichtige Rolle für ihr gemeinsames Leben.

Der zweite Besuch im Tierheim hat gezeigt: die Chemie passt!

Auch Luna wurde neugierig, wer denn in ihrem Gehege steht.

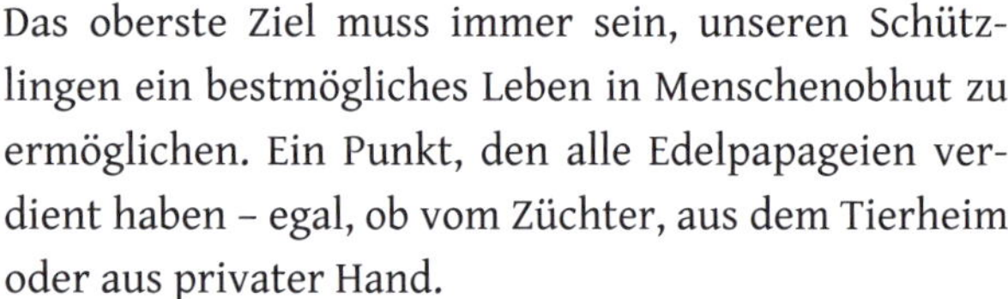

Das oberste Ziel muss immer sein, unseren Schützlingen ein bestmögliches Leben in Menschenobhut zu ermöglichen. Ein Punkt, den alle Edelpapageien verdient haben – egal, ob vom Züchter, aus dem Tierheim oder aus privater Hand.

Jetzt haben wir darüber gesprochen, wie man in kürzester Zeit viel Geld ausgibt. Es war von Krankheit und Einschränkungen die Rede, sogar von Verletzungen. Von betrügerischen Maschen beim Handel mit Papageien haben Sie auch gelesen. Man könnte meinen, die letzten Zeilen waren dazu gedacht, Sie von der Papageienhaltung abzubringen. Darum ging es mir natürlich nicht, wie Sie es erahnen mögen. Ich möchte bei Ihnen das Bewusstsein dafür wecken, dass Papageienhaltung nicht ausschließlich aus lustigen Videos besteht.

Sie sehen, es gibt so viele Faktoren, die eine Rolle spielen (können), welche Sie in Ihrer Entscheidung beeinflussen. Diese sind bei jedem potenziellen Halter unterschiedlich und so vielseitig, dass es unmöglich ist, alle Aspekte hier aufzuführen. Daher möchte ich Ihnen meinen persönlichen Rat geben: wenn Sie über Sachverhalte grübeln, gehen Sie immer vom Schlimmsten aus. Das Schönreden gefundener „Negativpunkte" (z.B. anstehender Umzug) führt selten zu Erfolg und Wohlgefallen.

Sollten Sie trotz der warnenden Denkanstöße nach wie vor überzeugt sein, ein Pärchen Edelpapageien in Ihre Obhut nehmen zu wollen, möchte ich Sie beglückwünschen. Das wird ein Schritt sein, den Sie nicht bereuen werden.

3.3 Unterbringung innen: Platzbedarf, Volieren, Reinigung

Sie haben sich tage- und wochenlang den Kopf darüber zerbrochen, ob Edelpapageien die richtigen Haustiere für Sie sind. Sie haben Für und Wider abgewogen, ausführliche Gespräche mit Angehörigen geführt. Vielleicht haben Sie sich bei einem Züchter oder in einem Tierheim schon ein potenzielles Pärchen angeschaut. Ich kann mir bildhaft vorstellen, wie Sie bereits einem möglichen Einzugstermin entgegenfiebern. Nach unserem zweiten Besuch von Lucky und Luna im Tierheim und der mündlichen Zusage durch die Pfleger waren meine Freundin und ich regelrecht euphorisch.

An diesem Punkt haben Sie sich auch schon weitgehend Gedanken darüber gemacht, wie Sie das Pärchen Edelpapageien beherbergen möchten, welches perspektivisch zu einer kleinen Gruppe wachsen sollte. Sie haben im ersten Kapitel gelesen, dass Edelpapageien in Sachen Paarbindung die Vielehe bevorzugen. Diesem natürlichen Verhalten sollten wir als Halter gerecht werden. Die Hintergründe hierfür erfahren Sie im Kapitel 5 und 6.

Der Gruppenverband sollte immer aus mehr Männchen als Weibchen bestehen.

Allgemeine Anregungen zu den verschiedenen Unterbringungsformen, aus meiner Erfahrung heraus, werde ich Ihnen in diesem Kapitel gern mit auf den Weg geben.

Zimmervoliere - je größer, desto besser

Wollen Sie Edelpapageien innerhalb der Wohnung oder Ihres Hauses halten, dann sollten verschiedene Aspekte beachtet werden. Was für uns lediglich ein Raum mit Putz, Farbe, Böden und Türen ist, ist für Edelpapageien ein großer Spielplatz.

Voliere im Wohnbereich - Sven Naumann, Naumann Technik

Die Mindestmaße für eine Zimmervoliere, die das BMEL (Bundesministerium für Ernährung und Landwirtschaft) für die Haltung von zwei Neuguinea Edelpapageien vorsieht, betragen 2,00 m x 1,00 m x 2,00 m (Länge x Breite x Höhe). Hierbei reden wir über absolute Mindestmaße, nach denen sich regionale Veterinärämter bei Kontrollen richten. Von Bundesland zu Bundesland können die Mindestgrößen einer Voliere unterschiedlich sein.

Die „Mindestanforderungen an die Haltung" werden aller Wahrscheinlichkeit nach zum Vorteil der Tiere überarbeitet. Die oben erwähnten Maßangaben gelten unter der Annahme, dass den Papageien ganztags Freiflug gestattet wird. Sollte die Voliere kleiner sein, dann lassen die Veterinärämter keine Ausreden gelten. Bei Verstößen gegen die Haltungsbedingungen werden zuerst Auflagen ausgesprochen, welche den Missstand beseitigen sollen. Wird dem wiederholt nicht nachgekommen, kann dies zum Entzug der Papageien führen. So oder so ähnlich kann die amtliche Mitteilung eingangs aussehen.

Sachverständigengruppe
Gutachten über die tierschutzgerechte
Haltung von Vögeln

Mindestanforderungen an die Haltung von Papageien
vom 10. Januar 1995

Die für Ihren Landkreis gültigen Mindestmaße teilt Ihnen das Landratsamt gern mit.

Bei der Planung der Voliere gilt ein Grundsatz: Es gibt nur zu klein. Es wird immer wieder Situationen geben, in denen die Papageien länger im Gehege sein müssen, als Sie ursprünglich angenommen haben. Hierfür können unterschiedliche Anlässe ursächlich sein, wie zum Beispiel:

- Familienfeiern
- Abwesenheit durch uns Menschen, weil Sie die Federlinge nur unter Aufsicht frei fliegen lassen möchten
- Anwesenheit von Freunden, Familienmitgliedern, welche den Papageien „auf den Magen schlägt" (Stichwort Eifersucht)

Familienfeier

Oft hört und liest man, dass die Papageien „nur zum Schlafen im Käfig sind“. Mich beschleicht in Einzelfällen der Verdacht, die Aussage soll relativieren, dass eine Voliere gekauft wurde, die nicht den Mindestanforderungen an die Haltung von Edelpapageien entspricht. Sobald Sie eine Voliere aufbauen, muss diese den oben beschriebenen Maßen entsprechen. Auch dann, wenn die Voliere nur zur Futteraufnahme besucht wird, ist das Unterschreiten der Anforderungen nicht zulässig.

Es werde Licht

Die passende Beleuchtung ist bei der Haltung von Edelpapageien in geschlossenen Räumen unvermeidlich. Wie auch wir Menschen, können Papageien nur Vitamin D produzieren, wenn sie ausreichend Sonnenlicht zur Verfügung haben. Die Fenstergläser Ihrer Wohnung oder Ihres Hauses filtern die wichtigen UV-Anteile aus der Sonnenstrahlung heraus. Weitere Gründe für die Anschaffung einer Birdlamp sind:

1. Die Vogellampe begünstigt die Einlagerung von Calcium in den Knochen.
2. Durch die imitierte Sonnenstrahlung können Papageien erst richtig sehen und Farben wahrnehmen.

Die Leuchteinheiten der Birdlamps müssen einmal im Jahr getauscht werden, da diese ihre Strahlkraft verlieren. Der Hersteller der von Ihnen gekauften Birdlamp gibt Ihnen dazu gern Auskunft.

Wenn Sie Ihre Vögel ausschließlich in geschlossenen Räumen halten und eine Birdlamp nachrüsten, werden Sie einen deutlichen Unterschied im Verhalten wahrnehmen. Ihre Edelpapageien sind agiler und wirken aufgeweckter. Das gleiche gilt für alle Papageien, Sittiche und Kakadus.

Die Leuchtdauer der Vogellampe sollte in Abhängigkeit zur Haltungsform und Jahreszeit stehen. Ich handhabe es wie folgt:

1. Bei Papageien in Außenvolieren mit Schutzhaus lasse ich die Birdlamp in den warmen Sommermonaten aus, da die Vögel den Großteil des Tages im Freien verbringen. In den kalten Wintermonaten, in denen die Außenvoliere seltener und wesentlich kürzer aufgesucht wird, leuchtet die Lampe ganztags zehn Stunden täglich.
2. Bei Papageien in Zimmerhaltung ohne Zugang ins Freie bleibt die Vogellampe das gesamte Jahr täglich zehn Stunden im Einsatz.

Putzen, putzen, putzen...

Das tägliche Putzen des Raumes wird mit dem Einzug der gefiederten Schönheiten notwendig. Edelpapageien ernähren sich überwiegend von Obst und Gemüse. Die Hinterlassenschaften sind nicht nur groß, sondern auch recht flüssig und lassen sich nur mit Mühe von einer Couch oder strukturierten Oberflächen entfernen. Zum Reinigen empfehle ich den Kot mittels einer Sprühflasche und warmen Wassers einzuweichen. Danach können Sie den Dreck einfach mit einem kleinen Spachtel abkratzen. Sollten Sie einen Fliesenboden haben, darf auch ein Dampfreiniger zum Einsatz kommen.

TIPP AUS DER PRAXIS

In allen unseren Papageienzimmern und Schutzräumen hat sich die Kombination aus Vogelsand und Laminat bewährt. Andere Einstreu lässt sich nur mit deutlich mehr Aufwand sauber halten, während Sand praktisch gesiebt werden kann.

Auf den Einsatz von chemischen Reinigungsmitteln sollten Sie verzichten. Sie können das warme Putzwasser jedoch mit etwas Apfelessig vermischen.

Das Tagwerk unserer Edelpapageien. Dank Siebschaufel in Windeseile geputzt.

In der Frische liegt die Kraft

In Obhut bei uns Menschen sollte regelmäßig frisches Astwerk, gern mit Blättern, Knospen und Früchten angeboten werden. Zwar ist der Nagetrieb von Edelpapageien als gering einzustufen, aber das Benagen der frischen Äste ist eine sinnvolle Beschäftigung und auch gesund.

In der Praxis haben sich die Äste von

- Obstbäumen (Apfel, Birne, Mirabelle)
- Weiden
- Haselnusssträuchern

als beliebt herausgestellt. Äste von Hainbuche, Eberesche und Weißdorn finden ebenso regelmäßig den Weg zu unseren Papageien.

Das Edelpapageienzimmer

Wenn Sie die Möglichkeit haben, Ihren Edelpapageien ein eigenes Zimmer zur Verfügung zu stellen, dann sollten Sie das unbedingt tun. Als wir damals unsere beiden Neuguinea Edelpapageien aus dem Tierheim adoptiert haben, hatten wir das Glück, bereits in einem Haus zu wohnen. Ein eigenes Zimmer mit Aussicht auf eine Außenvoliere war somit kein Problem.

Bei einem kompletten Raum für ein Pärchen Edelpapageien kann man seinen gestalterischen Wünschen und Ideen freien Lauf lassen. Der störende Aspekt „Nutzbarkeit für uns Menschen" fällt dabei in großen Teilen weg. Statt des Nutzens für uns Federlose steht ausschließlich der Punkt „artgerecht" zur Debatte.

Regelmäßig frisches Astwerk ist wichtig. Es dient der Beschäftigung und ist gesund.

Fertig ist das Zimmer. Nun steht der lang ersehnte Einzugstermin an.

Eine aufwändig installierte Bademöglichkeit, die nie genutzt wurde.

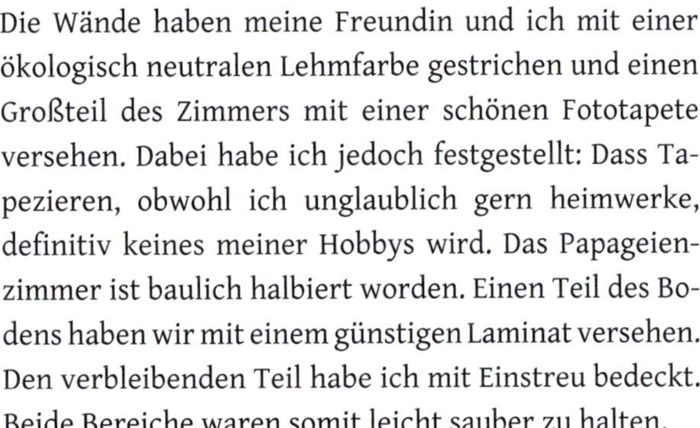

Die Wände haben meine Freundin und ich mit einer ökologisch neutralen Lehmfarbe gestrichen und einen Großteil des Zimmers mit einer schönen Fototapete versehen. Dabei habe ich jedoch festgestellt: Dass Tapezieren, obwohl ich unglaublich gern heimwerke, definitiv keines meiner Hobbys wird. Das Papageienzimmer ist baulich halbiert worden. Einen Teil des Bodens haben wir mit einem günstigen Laminat versehen. Den verbleibenden Teil habe ich mit Einstreu bedeckt. Beide Bereiche waren somit leicht sauber zu halten.

Viele Äste aus dem Wald fanden Einzug in das Zimmer und wurden aufgehängt, sowie das eine oder andere Spielzeug. Unmengen an Kork in Form von Röhren und Platten fanden ebenso ihren Platz. Eine aufwändig installierte Badeschale mit Springbrunnen und Ablauf, welche nie genutzt wurde, ebenfalls. Auch das gehört dazu. Man gibt sich viel Mühe oder kauft teuer ein und die Charakterköpfe interessiert es gar nicht. Die passende Beleuchtung im eigenen Papageienzimmer ist ein weiterer Baustein, den es zu beachten gilt. Je nach Zimmergröße ist es notwendig, dieses mit mehreren Birdlamps zu versehen. Ob diese dabei direkt an das 230V-Netz des Hauses/der Wohnung angeschlossen sind oder über eine Steckdose betrieben werden, bleibt Ihnen überlassen.

> Das Mitnehmen von Ästen aus dem Wald ist nur bedingt gestattet. Sogenanntes „Leseholz“, welches durch Stürme abgebrochen ist, dürfen Sie in Kleinmengen mitnehmen. Das Absägen oder Abbrechen von Ästen kann hohe Bußgelder nach sich ziehen.

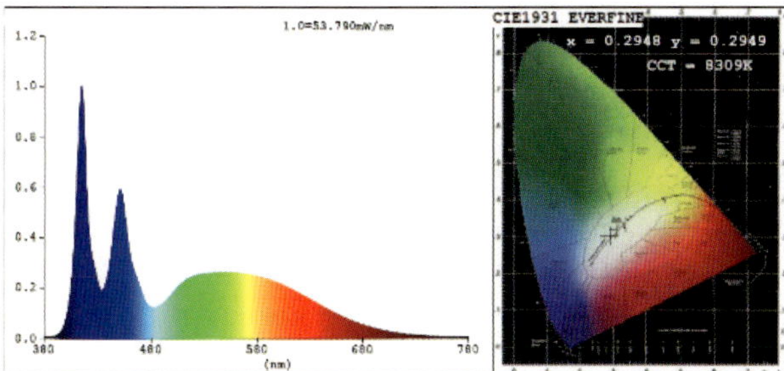

Birdlamp Infografik

Zusätzlich zur Raumausleuchtung empfehle ich Ihnen einen Sonnenspot. Unter diesem können die gefiederten Schützlinge ein ausgiebiges und gesundes Sonnenbad nehmen. Achten Sie darauf, dass Sie die Mindestabstände vom Scheitel des Vogels zur Lampe einhalten. Meist entspricht dieser circa 50 cm, kann aber herstellerspezifisch abweichen. Täglich ein bis zwei Stunden sind vollkommen ausreichend.

Wenn Sie nun noch offen liegende Kabel bzw. die Lampen vollständig mit einem Gitter versehen, dann erhöhen Sie damit deren Lebensdauer enorm. Edelpapageien sind sehr neugierige und verspielte Mitbewohner. Sie werden feststellen, dass nur wenig unversehrt bleiben wird. Zudem sind 230V auch gefährlich. Von Kabelkanälen aus Plastik nehmen Sie lieber Abstand. Greifen Sie zu Aluminium-Leerrohren aus dem Baumarkt.

Die Voliere im bewohnten Raum

Sollten Sie nicht die Möglichkeit haben, Ihren Schützlingen ein Papageienzimmer oder sogar eine Außenvoliere mit Schutzhaus bieten zu können, dann ist das kein Grund den Wunsch der Haltung von Edelpapageien aufzugeben. Eine ausreichend große Zimmervoliere, mit einigen Kletter- und Spielmöglichkeiten im Raum, kann durchaus eine solide Basis darstellen. Eine Voliere im Wohnzimmer wird Ihre gewohnte Lebensweise schlagartig auf den Kopf stellen.

Möbelstücke, die entweder teuer sind oder für Sie einen emotional hohen Wert haben, sollten Sie aus der Schnabelreichweite Ihrer neuen Mitbewohner entfernen. Furniere, Randleisten am Fußboden, der schöne Flachbildschirm und Dekorationsgegenstände sind alles Dinge, die so einer Schnabelkraft nur selten standhalten. Mit ihrer neugierigen und verspielten Art gibt es recht wenig, was aus Sicht der Papageien keinen Probebiss verdient hat.

Wir haben selbst eine Zeit lang unsere Rotschwanzsittiche im Wohnzimmer gehalten. Eines kann ich Ihnen sagen: so schön es war, so ärgerlich war es manchmal auch. Der Wohnraum glich ganzjährig einem Dschungel. Überall hingen Äste und frisches Blattwerk, welches schnell zernagt wurde. Zu finden waren Obstreste soweit das Auge reicht und natürlich mehr Vogelkot, als einem lieb ist.

Einmal hat mir eines meiner Gelbseitensittich-Männchen (eine opaline Mutation des Grünwangen-Rotschwanzsittichs) ein Häufchen in Herzform auf der Couch hinterlassen. Eine wohl lieb gemeinte Entschuldigung für das viele Putzen.

3.4 Unterbringung außen: Bauplanung, Materialien, Schutzhaus, Draht, Pflanzen

Der Traum eines jeden Papageienhalters ist es, seinen Papageien eine großzügige Außenvoliere mit Schutzraum zur Verfügung stellen zu können. Wenn Sie diese Option haben, nehmen Sie diese wahr. Sie werden feststellen, wie wichtig die Außenreize (Sonne, Wind, Regen, Geräusche) für Papageien sind. Zudem werden Sie einen deutlichen Unterschied im Verhalten spüren, wenn Sie von der Innen- zur Außenhaltung wechseln. Ihre Edelpapageien werden aktiver und ausgeglichener.

> **TIPP**
>
> Erkundigen Sie sich auch hier bei dem für Sie zuständigen Landratsamt über die Mindestanforderungen an die Haltung. Bei der Planung sind die Mindestgrößen unbedingt einzuhalten. Die Mindestgrößen von Außenvolieren sind andere als im Innenbereich und variieren von Bundesland zu Bundesland.

Bauplanung ist alles

Eine Außenvoliere mit Schutzraum muss gut geplant sein. Die wichtigsten Faktoren sind:

- Standort
- Bauweise
- Größe
- Falls notwendig: baubehördliche Genehmigung

Die Voliere sollte idealerweise an einem Platz aufgebaut werden, der für Sie gut zugänglich, von außen aber nur schwer einsehbar ist. Des Öfteren habe ich gelesen, dass Papageien in Außenvolieren, die nah an öffentlichen Gehwegen stehen, von Spaziergängern oder vorbeilaufenden Kindern „zugefüttert" werden. Ein gut gemeinter Snack kann schwere Folgen haben, wenn es sich um Lebensmittel handelt, die für Papageien giftig oder unverträglich sind.

Nehmen Sie sich Zeit für die Wahl des Standorts Ihrer Voliere. Ein Versetzen im Nachgang ist mit erheblichem Aufwand verbunden. Zudem soll sich die Voliere in das Bild Ihres Gartens einfügen.

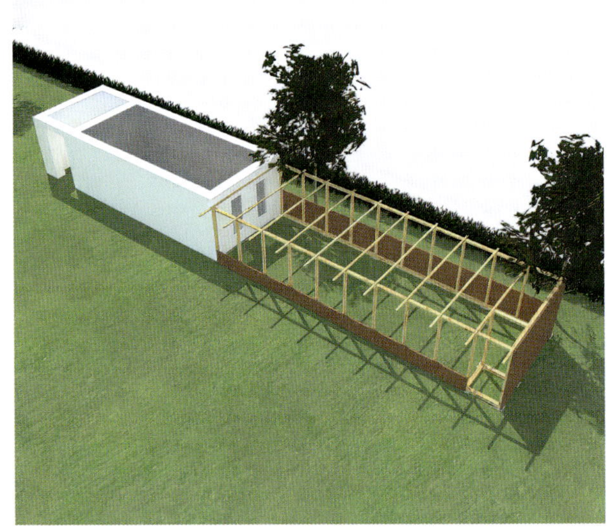

Aufgrund meiner beruflichen Tätigkeit konnte ich die Planung selbst durchführen.

Die Aluminiumvoliere

Die gängigste Bauweise der Außenvolieren finden Sie in Form von Alu-Fertigelementen. Diese sind aus Vierkantrohren und in verschiedenen Variationen erhältlich. Zudem ist der Zusammenbau auch für Laien einfach. Ob blankes Metall oder gebürstet, grün oder schwarz beschichtet - es gibt wenig, was sich mit dem richtigen Volierenbauer nicht realisieren lässt.

Die Standardelemente sind in den Abmessungen 1,00 m x 2,00 m (Breite x Höhe) erhältlich, ebenso wie Tür- und Dachelemente. Sonderanfertigungen, speziell an Ihre Wünsche angepasst, sind ebenfalls möglich. Einige Volierenbauer bieten auch Bausätze an. Diese sind günstiger als die fertigen Elemente, erfordern aber handwerkliches Geschick beim Zusammenbau. Hier erhalten Sie die Aluminiumrohre, Nieten, sonstige Verbinder und Draht geschickt und setzen diese eigenständig zusammen. Sollten Sie den Aufbau der Voliere selbst nicht durchführen wollen oder können, bieten die meisten Gehegebauer auch einen Montageservice an.

Holen Sie sich mehrere Angebote ein. Die Preise unter den Volierenbauern sind sehr unterschiedlich.

Individuell und hochwertig. Zwei Außenvolieren von Svenn Naumann, Volierenbauer, Inhaber von Naumann Technik.

Die Holzvoliere

Nun gibt es Menschen wie mich, die aus ästhetischen Gründen keinen Aluminiumblock im Garten stehen haben möchten. Alternative Baustoffe gibt es nur einen: Holz. Doch nicht jedes Holz ist geeignet. Nehmen Sie Abstand von Weichhölzern wie Fichte und Tanne. Auch ein Balken mit den Abmessungen 10 x 10 cm hält einem Edelpapagei nicht lange stand.

Weiche Hölzer müssen zudem chemisch behandelt werden, damit sie langfristig witterungsbeständig sind. Diese Lasuren sind gesundheitsgefährdend für unsere Papageien und können bei übermäßiger Aufnahme zu Vergiftungen führen.

Meiner Erfahrung nach ist das ideale Holz Douglasie oder sibirische Lärche. Beides sind harte Konstruktionsvollhölzer (KVH). Die Farbgebung des Holzes lässt sich wunderbar in die Gestaltung des gesamten Gartens einfügen. Mit 7 x 7 cm starken Pfosten hält das Lärchenholz nicht nur Edelpapageien stand, sondern auch Stürmen und Schnee.

PRAXISTIPP

Auch mit sibirischer Lärche (oder Douglasie) lassen sich Elemente bauen. Alle unsere Außenvolieren bestehen aus Hölzern mit den Maßen 4,5 cm x 7,0 cm. Üblicherweise werden diese für Unterkonstruktionen von Terrassen verwendet. Ich fertige aus diesen Hölzern Elemente mit den Maßen 1,0 m x 2,0 m (Breite x Höhe) als Wandelemente. Die Dachelemente baue ich je nach Breite der Voliere. Sind die Holzrahmen fest verschraubt, bespanne ich diese mit Draht. Im Anschluss verankere ich sie auf dem Fundament und verbinde die Bauteile untereinander. Das Vorfertigen erleichtert die Montage erheblich.

Der optische Kontrast zur Aluminium-Voliere ist sehr deutlich. Auf den Bildern ist meine erste Außenvoliere zu sehen.

Der richtige Draht

Die Wahl des richtigen Drahts ist maßgeblich für die langfristig erfolgreiche Außenhaltung. Während des Bauverlaufs werden Sie bei Ihren Besuchen im Baumarkt auf recht günstigen „Hasendraht“ stoßen. Doch hier gilt: Finger weg! Der Draht ist nicht nur viel zu dünn und somit schnell zerbissen, sondern auch gesundheitsschädlich. Wenn Sie sich den Draht genauer ansehen, werden Sie so genannte „Zinknasen“ daran finden. Dies ist dem Verfahren geschuldet, wie der Stahldraht verzinkt wird. Beim Klettern oder Knabbern an diesem nehmen die Papageien das sich lösende Zink auf - die Folge: Schwermetallvergiftung.

> Die Schwermetallvergiftung hat unweigerlich den Gang zum vogelkundigen Tierarzt zur Folge, damit diese rasch behandelt werden kann. Der betroffene Vogel muss mindestens eine Woche stationär medizinisch versorgt werden. Während der Therapie mittels Infusionen wird das Schwermetall gebunden und ausgeschieden.

Bei Volierenbauern oder Großhändlern können Sie Volierendraht der Marke „esafort“ kaufen. Dieser ist zwar auch verzinkt, jedoch galvanisiert. Durch diese Methode der Verzinkung wird das Lösen von Metallteilchen verhindert. Sollte es Ihr Budget erlauben, greifen Sie auf ein Drahtgeflecht aus Edelstahl zurück.

Die Maschenweite sollte 19 mm x 19 mm bei einer Drahtstärke von 1,45 mm betragen. Damit ist gewährleistet, dass die Edelpapageien den Draht nicht zerbeißen können. Kleinere Maschenweiten sollten nicht verwendet werden, um Verletzungen an den Füßen beim Klettern zu vermeiden.

Wir verwenden ausschließlich Draht der Marke esafort.

Im Außenbereich ist die doppelte Verdrahtung ein wichtiger Sicherheitsfaktor.

> Der Abstand vom inneren zum äußeren Gitter sollte mindestens 2 cm betragen.

Doppelt hält besser

Egal, ob Sie sich für eine Voliere aus Aluminium oder Holz entscheiden: Sie sollte immer doppelt vergittert werden. Auf der Innenseite, sprich auf der Seite, auf der die Papageien sind, haben Sie einen kräftigen Draht angebracht. Auf der Außenseite empfehle ich ein weiteres Drahtgeflecht. Dies kann nun aus dem günstigen Material sein, welches ich bereits erwähnt habe. Für das Drahtgeflecht auf der Außenseite rate ich zu einer Maschenweite von 12 mm × 12 mm. Das Eindringen von Nagern oder anderen Schädlingen ist durch die engen Maschen ausgeschlossen.

Zugang in die Voliere – die Schleuse

Kommt Ihnen folgender Satz bekannt vor?

Hilfe! Mein Papagei ist entflogen!

Die Schleuse: Einer der wichtigsten Bausteine Ihrer Außenvoliere.

PRAXISTIPP

Unsere Schleusen haben immer Innenmaße von 1,00 m x 1,00 m x 2,00 m (Breite x Länge x Höhe). Diese Abmessungen reichen aus, um die Voliere angenehm betreten zu können. Auch dann, wenn einmal größere Äste getauscht werden müssen.

Sind diese aus Außenvolieren entflogen, ist der häufigste Grund das Fehlen einer Schleuse. Dieser Zugangsbereich zum Gehege ist wie ein kleiner Vorraum, welcher direkt an die Voliere angegliedert und mit einer separaten Tür ausgestattet ist.

Ein Bruchteil des gesamten Bauvorhabens, jedoch ein immens wichtiger. Beim Betreten der Schleuse schließen Sie die Tür hinter sich und öffnen im Anschluss die Tür in den Freiflugbereich oder den Schutzraum. Selbst wenn in so einer Situation einer Ihrer Lieblinge auf Sie zugeflogen kommt, hat er keine Möglichkeit, ins Freie zu entfliehen. Der Bau der Schleuse kostet einen Tag mehr Arbeit. Ein Tag, der Ihnen viele Jahre mit Ihren Edelpapageien sichert, auch wenn es beim Betreten der Voliere brenzlig wird – nehmen Sie sich die Zeit.

Beton oder Natur

Während der Betonboden leicht zu reinigen und zu dekorieren ist, können Sie mit einem Naturboden die Bepflanzung der Voliere einfacher gestalten. Ich bevorzuge den Naturboden. Wie der Name auch schon sagt, ist es näher an ihrem natürlichen Habitat, als eine Betonplatte mit Fliesen oder Pflastersteinen.

Lucky auf Nahrungssuche - FAST wie im Freiland.

Beim Anlegen des Bodens empfiehlt es sich, in der gesamten Fläche ein günstiges Drahtgeflecht auszulegen. Neben dem Fundament schützt dies vor dem Eindringen von Raubtieren.

PRAXISTIPP

Lassen Sie Ihre Schützlinge in der Wiese umher toben, empfehle ich Ihnen, einmal jährlich den Kot nach Würmern untersuchen zu lassen. Hierzu genügt das Einsenden einer frischen Kotprobe an einen vogelkundigen Tierarzt.

Auch wenn der Naturboden intensiver gereinigt und gepflegt werden muss, hat er Vorteile. Sie werden die Möglichkeit haben, zu beobachten, wie die Edelpapageien auf der Wiese nach Nahrung suchen. Wir erinnern uns: Edelpapageien verbringen den Großteil des Tages mit Ruhen und Nahrungssuche. Wie sollen Sie Letztgenanntes auf einer gepflasterten Fläche tun?

Bepflanzung

Bei der Bepflanzung der Voliere sind Ihnen wenig Grenzen gesetzt – außer natürlich giftige Pflanzen. Gestalterisch können Sie Ihr Gärtnerherz ausleben, sofern Sie die nachfolgenden Hinweise berücksichtigen. Bei der Aufteilung der Pflanzen empfiehlt es sich, hoch wachsende Gehölze an die Außenbereiche zu setzen. Somit ist sichergestellt, dass die Edelpapageien trotz des üppigen Wachstums der Pflanzen ausreichend Platz zum Fliegen haben. Wir haben in unseren Volieren verschiedene kleinere Obstbäume, Haselnusssträucher, Weiden, Wildrosen und Bambus.

Ärgern Sie sich nicht, wenn das Stutzen der Pflanzen von den edlen Schönheiten übernommen wird und dies den Pflanzen an die Substanz geht. Damit müssen Sie rechnen. An der Außenseite der Voliere bietet es sich an, ungiftige Kletterpflanzen zu setzen. Diese können ebenfalls, sofern sie durch das Gitter hindurch wachsen, bedenkenlos benagt werden. Des Weiteren ist rankendes Grün ein toller und natürlicher Schattenspender für heiße Sommertage. Hierzu können Sie zum Beispiel nehmen:

- Wildrosen
- Schlingknöterich
- Hopfen
- Weinreben

Bedenken Sie jedoch das Dickenwachstum der Pflanzen. Beschädigungen am Drahtgeflecht durch das Beranken sollten vermieden werden. Stutzen Sie nach

Lucky und Luna im Kirschbaum

Bedarf die Gewächse, damit Draht und Bauwerk unversehrt bleiben.

Das Schutzhaus

Der Schutzraum, welcher idealerweise eine Mindestfläche von 10 m² hat, sollte ein sicherer Rückzugsort für Ihre Edelpapageien sein. Ob Sie diesen mauern und dämmen, aus Isolierpaneelen oder herkömmlich in Holzständerbauweise errichten, ist Ihnen gänzlich überlassen.

Viel wichtiger als die Bauweise, ist die Funktionalität. Der Schutz vor Witterungseinflüssen steht hier an erster Stelle. Egal, ob bei Kälte im Winter, bei Hitze im Sommer oder Starkregen und Sturm. Der Schutzraum muss seinem Namen gerecht werden.

Beachten Sie beim Bau des Schutzraums auch statische Aspekte wie z.B. Schneelasten.

Beim Bau des Schutzraumes können Sie sich gedanklich in die Lage versetzen, als würden Sie ein kleines Haus bauen. Dazu gehören eine frostsichere Bodenplatte, isolierte Wände und ein isoliertes Dach. Strom zum Betreiben der Birdlamp und der Heizung darf hierbei nicht fehlen. Eine Tür, damit Sie angenehm zum Reinigen den Schutzraum betreten können, sollte auch ihren Platz finden. Eine Durchflugklappe, durch die die Edelpapageien in den Freiflugbereich gelangen können, rundet das Schutzhaus ab.

Neben der Familie war auch Luna bei der Planung maßgeblich beteiligt.

Unsere zweite Außenvoliere. Die wichtigsten Bestandteile (Fundament, Schleuse und doppelte Verdrahtung) sind fertig.

Schutzhaus innen

Versehen Sie den Schutzraum mit einem Frostwächter und einer Heizung. Auch im Winter bei Außentemperaturen von -20° C sollte eine Mindesttemperatur von circa 12° C nicht unterschritten werden.

Die Durchflugklappe sollte circa 40 x 40 cm groß sein.

Ich rate Ihnen an dieser Stelle zu Infrarotheizungen. Im Gegensatz zu herkömmlichen Heizkonvektoren erwärmen sie die angestrahlten Objekte und Lebewesen. Konvektoren erwärmen die Umgebungsluft und lassen diese zirkulieren. Aufgrund der entstehenden Luftzirkulation werden feine Staubpartikel aufgewirbelt, welche sich auf die sensiblen Atmungsorgane legen.

Für gut isolierte Schutzräume können Sie die Faustregel annehmen: 100W Heizleistung je Quadratmeter Grundfläche. Sollte ein Schutzhaus größer als 10 m² sein, dann greifen Sie besser zu zwei kleineren Geräten (2 x 500W) anstelle eines größeren. So optimieren Sie die Heizleistung und sparen Stromkosten. Bei der Innenausstattung des Schutzhauses gilt: Weniger ist mehr, die Edelpapageien sollten möglichst oft an der frischen Luft sein.

Reichen Sie das Futter ausschließlich im Schutzraum. Papageien werden nicht grundlos „Gärtner der Wildnis“ genannt. Einiges von dem angebotenen Futter wird großzügig verteilt und lockt neben Fliegen auch andere Schädlinge an. Edelpapageien bedienen sich gern am Napf und fliegen dann auf einen höher gelegenen Ast um

Geschlemmt wird immer gern - aber nur im Schutzraum.

zu fressen. Auf dem Weg zur nächsten Leckerei werden Obstreste, Schalen und Kerne fallen gelassen.

Zudem lässt sich die Futteraufnahme am Abend mit einem angenehmen Ritual verbinden. Wenn Sie ausschließlich im Schutzraum Nahrung anbieten, dann werden Ihre Edelpapageien diesen eigenständig mit der Abendfütterung aufsuchen. So können Sie am Abend entspannt die Durchflugklappe schließen und Ihre gefiederten Schützlinge die verdiente Nachtruhe antreten.

Papageien sollten aus Sicherheitsgründen die Nächte nicht im Freien verbringen.

Der Baubeginn der Außenvoliere

Der erste Weg beim Bauen führt Sie nicht auf die Baustelle, sondern zum Bauamt. Die meisten Volieren sind aufgrund ihrer Größe genehmigungspflichtig. Die Bauordnungen der Bundesländer erfassen Volieren als „sonstige Bauten ohne Aufenthaltsräume". Je nach Bundesland sind diese Bauten nur bis zu einem geringen Bruttoraumvolumen verfahrensfrei.

Endlich war die erste Außenvoliere fertig. Ich war sichtlich glücklich, ebenso wie Lucky.

Antrag auf

☒ **Baugenehmigung (§ 49 LBO)**

☐ **Bauvorbescheid (§ 57 LBO)**

Bauantrag

Ich empfehle Ihnen eine Bauvoranfrage zu stellen. Hierzu genügt ein Formular, welches Sie auf den jeweiligen Landesportalen finden. An das Formular fügen Sie bitte saubere Handskizzen an, idealerweise einen Auszug aus dem Liegenschaftskataster und Bilder über die Materialien, die Sie verwenden möchten. Meist reichen diese Unterlagen aus, um eine Entscheidung durch das Bauamt zu erwirken.

Fazit

Bei der Errichtung einer Außenvoliere sind die wichtigsten Punkte:

- Schutz vor Entfliegen
- Dämmung des Schutzraums
- Schutz vor Raubtieren und Schädlingen
- Die Einhaltung rechtlicher Vorschriften (Mindestanforderungen an die Haltung, Bauordnung)

Alle Volieren, die bei uns im Garten stehen, habe ich selbst geplant und errichtet. Der Bau kann mitunter, je nach Größe, anstrengend sein. Umso erfreuter ist man, wenn am Ende die fertige Außenvoliere steht und die künftigen Bewohner einziehen können. Sie werden eine deutliche Wesensveränderung Ihrer Edelpapageien wahrnehmen. Sie werden voraussichtlich aufgeschlossener und ausgeglichener sein.

3.5 Beschäftigung und Spiel

Während der Haltung von Edelpapageien werden Sie sich damit beschäftigen, welches Spielzeug das richtige sein mag. Zu Beginn meiner Haltung von Großpapageien war ich mit diesem Thema überfordert. Gerade dann, als es um die passende Ersteinrichtung des Zimmers ging.

Ihre Edelpapageien wünschen sich Beschäftigung. Das brauchen sie, um gesund zu bleiben. Die Auswahl im Handel ist riesig. Hier lesen Sie von den Favoriten meiner Edelpapageien und worauf ich mein Hauptaugenmerk bei der Auswahl von Beschäftigungsmöglichkeiten lege.

Das einzige gekaufte Spielzeug, das Lucky und Luna gern genutzt haben.

Der Natur auf den Fersen
Ihr Grundgedanke bei allen Themen, die Sie während dem Zusammenleben mit den Eclectus-Arten beschäftigen, muss sein:

naturnah

Im ersten Kapitel haben Sie einen Einblick in das Verhalten von Edelpapageien im Freiland erhalten. Den Großteil des Tages bestreiten diese gefiederten Schönheiten mit der Nahrungssuche oder mit Ruhen. Bunte Kugeln, riesige Seile und Klettertürme werden Sie in den Wäldern Papua-Neuguineas selten finden. Keinesfalls möchte ich damit andeuten, dass Sie auf jegliche Form von Spielzeugen verzichten sollten.

Warum 'nur' naturnah? Eine Abbildung des natürlichen Habitats können wir in menschlicher Obhut nicht schaffen. Mit der Begrifflichkeit "artgerecht" sollte vorsichtig umgegangen werden. Schon allein deshalb, weil wir mit dem Bau von Volieren Grenzen schaffen, die es im Freiland nicht gibt. Zudem gibt es

Statt Spielsachen zu kaufen verstecke ich Körnerfutter im Kork. Damit versuche ich, die natürliche Nahrungssuche zu imitieren.

Aspekte im Leben eines freien Edelpapageien, die wir als Menschen gar nicht nachbilden möchten. Dazu gehören zum Beispiel:

1. Das Verknappen des Nahrungsangebots. Die Wälder bieten nicht immer Nahrung in Hülle und Fülle.
2. Die Verbreitungsgebiete der Edelpapageien bieten nicht nur ihnen ein Zuhause, sondern auch zahlreichen Fressfeinden.
3. Eine medizinische Versorgung im Krankheitsfall findet ebenfalls nicht statt.

Weniger ist mehr

Eine bunte Schaukel hatten meine Edelpapageien anfangs auch, ebenso ein großes Netz zum Klettern. Diverse Seile finden immer wieder Verwendung. Andere Dinge werden Sie in unseren Volieren und Zimmern nicht finden – außer reichlich Astwerk.

Die beste Beschäftigung für Papageien ist die, welche Sie im eigenen Garten, im nächstgelegenen Wald oder bei regionalen Kleinanzeigen finden: frisches Geäst.

Mehrmals im Jahr schneiden die Hausbesitzer verschiedenste Pflanzen und Bäume zurück. Sollten Sie selbst in der glücklichen Lage sein, Haus und Garten zu besitzen, können Sie den Rückschnitt Ihrer

- Obstbäume
- Haselnusssträucher
- Hainbuche

bedenkenlos in die Voliere geben. Der Knabberspaß ist nicht nur eine passende Beschäftigung, sondern auch gesund. Durch das Nagen an der Rinde werden wichtige Mineralstoffe und Elemente aufgenommen. Die dickeren Äste fördern das Abwetzen von Krallen und Schnabel. Sie werden feststellen, dass Ihre Edelpapageien zeitweise unermüdlich versuchen werden, das letzte Blatt und das Stückchen Rinde vom Holz zu entfernen. Das Klettern auf dem Astwerk ist gesund für den Bewegungsapparat, Gelenke und Muskulatur – es hält fit und verbrennt überschüssige Energie.

Beliebter als jede bunte Kugel sind frische Zweige. Spielerisch gesund - was gibt es Besseres?

PRAXISTIPP

Nutzen Sie auch dünnes Astwerk. Das Schwingen und Durchbiegen des dünnen Holzes beim Umhertollen ist gut für die Gelenke.

Spielzeug selbst basteln

Wenn wir Menschen von Spielzeug reden, laufen wir gedanklich wie kleine Kinder durch eine Spielwarenecke. Doch was für uns, unsere Kinder geeignet ist, trifft nicht auf unsere Papageien zu. Wir haben, wie ich bereits anfangs erwähnte, zu Beginn so einiges an Papageien-Spielzeug gekauft. Am Ende war es jedoch immer das gleiche: teuer und schnell uninteressant.

Teuer und schnell langweilig - Intelligenzspielzeug.

Mit einem Kletterturm aus Kork ist Langeweile passé .

Zügig bin ich dazu übergegangen, Spielzeug selbst zu basteln. Dazu braucht es keine handwerklichen Fachkenntnisse oder Spezialmaschinen. Lust und Freude an der Sache reichen dabei völlig aus. Im Grunde bestehen unsere Basteleien immer wieder aus ähnlichen Sachen:

- Frische Äste
- Kork (Platten oder Röhren)
- Ketten aus Edelstahl zum Aufhängen, sowie dazugehörige Karabiner mit Drehverschluss

Mehr als diese Materialien brauchen Sie nicht. Wie Sie diese kombinieren und zusammenbauen, ist Ihnen dabei überlassen. Ob daraus Leitern, kleine Kletterwände oder ein Freisitz entstehen, entscheidet Ihre Kreativität. Sollten die gebastelten Sachen nicht angenommen werden, können sie mit einfachen Mitteln umgestaltet oder umgebaut werden.

Während ich diese Zeilen schreibe, leben bei uns Edelpapageien, Sonnensittiche, Nymphensittiche, Grünwangenrotschwanzsittiche und weißstirnige Fächerpapageien. Alle Vögel haben mir in den vielen Jahren eins bestätigt: frisches Astwerk, am besten mit Laub und Früchten, sowie Kork in all seinen Varianten sind interessanter als gekauftes Spielzeug. Abgesehen vom Beliebtheitsgrad ist das Geäst und Kork günstiger und nachhaltiger.

3.6 Sicherheit & Praxistipps

Der Stahl der Wahl

Egal, ob Sie Spielzeug selbst basteln oder kaufen, eins gilt es immer zu beachten: Wählen Sie die Stahlgüte ausschließlich in der Variante Edelstahl. Geringere Qualitätsstufen können langfristig zu Vergiftungen Ihrer Schützlinge führen. Ein Praxisbeispiel zum Thema Zinkvergiftung finden Sie im Kapitel 7.

"Abhängen"

Den Großteil der Sitz- und Klettermöglichkeiten finden Sie in meinen Volieren und Papageienzimmern hängend. Die Eigenbewegungen der hängenden Äste fördern die Muskulatur und stärken die Gelenke. Zum Aufhängen eignen sich Ketten, welche Sie mittels Drehverschlusskarabinern befestigen können. Die Ketten und Karabiner sind natürlich aus Edelstahl. Achten Sie bei der Wahl der Ketten auf die richtige Gliedergröße. Die Lochung der Glieder sollte 2 cm nicht unterschreiten. Verwenden Sie eine kleinere Lochung, kann es passieren, dass Ihre Edelpapageien mit den Füßen stecken bleiben. Schwere Verletzungen und Quetschungen können die Folge sein.

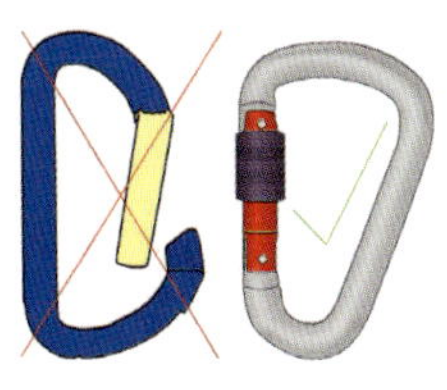

Übersicht Karabiner

Ich erwähnte auch die Verwendung von Drehverschlusskarabinern. Bitte nutzen Sie ausschließlich diese. Herkömmliche Karabiner mit einfachem Schnappverschluss gilt es unbedingt zu vermeiden. Es kann passieren, dass sich einer Ihrer Edelpapageien bei einem Probebiss mit Schnabel darin verfängt. Eine Durchbohrung des Schnabels hat schwerwiegende Konsequenzen.

Seile und Netze – mit doppeltem Boden

Gern werden Seile und Kletternetze verwendet. Die Seile sollten eine Stärke von 3 cm haben und aus Sisal bestehen. Baumwolle gilt es konsequent zu vermeiden. Die weichen Fasern der Baumwolle verstopfen im Laufe der Zeit den Kropf Ihres Edelpapageien. Angesammelte Baumwollreste können nur unter großem medizinischen Aufwand entfernt werden.

Achten Sie ebenfalls darauf, sich mit der Zeit bildende „Ausfransungen" regelmäßig abzuschneiden. Wenn Sie Sisalseile in der Außenvoliere verwenden, kontrollieren Sie diese auf Schimmelbildung. Da die Seile dem Regen ausgesetzt sind, trocknet die Nässe in den feinen Zwischenräumen der Seilstruktur schlecht heraus – ein optimaler Nährboden für Schimmelpilze.

3.7 Der Alltag und seine Tücken

Die Stolpersteine, die auf Ihrem gemeinsamen Weg zu finden sein werden, gilt es zu meistern und daraus zu lernen. Auf einige Gefahren und Tücken, die auf Sie lauern, möchte ich nun eingehen.

In den Jahresberichten der Versicherungsunternehmen steht: Im Haushalt passieren die meisten Unfälle. Wenn Sie Ihre Wohnung mit Papageien teilen, werden die Gefahrenquellen nicht weniger.

3.7.1 Gefahren bei Wohnungshaltung

Giftige Dämpfe

Insbesondere zur Zeit des Jahreswechsels wird eines ganz besonders beliebt: das Raclette. Eine Zeit, der ich immer wieder mit Sorge gegenübertrete. Beim Zubereiten dieser beliebten Leckerei entstehen durch das Ausgasen von Teflon hochgiftige Dämpfe. Diese Dämpfe raffen Sittiche, Papageien und Kakadus in kürzester Zeit dahin.

Teflon – nein danke!

Sie müssen nicht auf Raclette verzichten, auch nicht auf andere Kochutensilien. Jede Art von Töpfen, Pfannen und sonstigem Zubehör gibt es frei von Teflon. Greifen Sie zum Wohle Ihrer gefiederten Mitbewohner darauf zurück.

Töpfe und Pfannen, Raclette und sonstige Küchengegenstände erhalten Sie auch mit Keramikbeschichtung.

Eine ausdrückliche Bitte meinerseits: Auch der Gebrauch von teflonbeschichteten Pfannen in anderen Räumen schützt unsere Edelpapageien nicht. Die Dämpfe ziehen durch jeden noch so kleinen Spalt und verteilen sich im Raum. Jedes Jahr lese ich mehrfach von Berichten verzweifelter Halter, denen innerhalb von wenigen Minuten bis Stunden ganze Vogelbestände verstorben sind.

Der Vollständigkeit halber sei hier auch Nikotin erwähnt. Einige von Ihnen werden, wie auch meine Freundin und ich, zum geliebten-gehassten Glimmstängel greifen. Nach wie vor sieht man Bildmaterial, auf dem deutlich erkennbar ist, dass in der Wohnung geraucht wird. Im Grunde kein Problem, wenn Sie aber Papageien in Ihren vier Wänden halten, ein absolutes No-Go. Waschen Sie sich zudem nach dem Rauchen und vor dem Interagieren mit Ihren Schützlingen die Hände, um Nikotinrückstände nicht in ihre Nähe zu bringen.

Nikotin kann zu starken Vergiftungserscheinungen und Gefiederstörungen führen.

PRAXISTIPP

Fast alle neuen Backöfen haben eine Selbstreinigungsfunktion. Bei dieser wird das Innere des Ofens weiter über die regulierbare Temperatur erhitzt. In diesem Fall gast die Beschichtung ebenfalls aus und gefährdet das Leben Ihrer Schützlinge. Greifen Sie, ihnen zu Liebe, zu Apfelessig und einem Schwamm, um den Ofen zu reinigen.

Frei wie ein Vogel
Jeder kennt die folgende Situation: Man kommt von der Arbeit nach Hause, öffnet die Wohnungs- oder Haustür, die Jacke wird an den Haken gehängt und man nimmt einen leicht „muffigen" Geruch wahr. Fenster auf und frische Luft.

Frische Luft ist drinnen, der Edelpapagei im Zweifel draußen. Die Wahrscheinlichkeit, entflogene Papageien wiederzufinden, ist als gering einzustufen. Selbst dem Menschen zugewandte Exemplare werden mit Reizen und vermeintlichen Gefahren überflutet, die sie dazu bringen, in kürzester Zeit etliche Kilometer zurückzulegen.

> Wohnen Sie in einem Mietobjekt, stimmen Sie dieses Vorhaben mit dem Eigentümer oder der Genossenschaft ab. Das bauliche Verändern der Außenansicht von Gebäuden erfordert deren Zustimmung.

Dieses Thema ist besonders oft wahrzunehmen, wenn der Frühling Einzug hält und das Lüften zunimmt. So oft es zu hören ist, so einfach lässt es sich auch vermeiden. Mit einem einfachen Holzrahmen und Volierendraht lassen sich die Fenster sichern und das Entfliegen vermeiden.

Sollte es aufgrund Ihres Mietvertrages nicht erlaubt sein, Fensterleibungen anzubohren, ist das kein Grund zu ersticken. Neben einer mechanischen Befestigung

Auch der Schutzraum will regelmäßig gelüftet werden. Mit Gittern am Fenster kein Problem.

(mittels Dübel und Schrauben) gibt es auch Varianten zum Klemmen. Hierzu können Sie entweder Ihr handwerkliches Geschick nutzen oder den Volierenbauer Ihres Vertrauens fragen.

Haushaltsgegenstände
Wiederkehrend erzählte ich in einigen Passagen dieses Buchs davon, dass Edelpapageien Kindsköpfe sind. Im Zusammenhang mit Gefahren, die im Haushalt lauern, sollten Sie als verantwortungsbewusste Halter diesen Umstand ernst nehmen. Niemand würde, sobald das Kind auch nur in ihre Nähe kommen könnte, chemische Reiniger oder Messer offen liegen lassen. Ich möchte keinesfalls den Eindruck vermitteln, dass Sie Kanten mit Schaumstoff polstern sollten, Gummimatten statt Laminat auf dem Boden verlegen oder Ihren Edelpapageien Helme aufsetzen.

Zimmerpflanzen

Pflanzen im Zimmer sehen nicht nur schön aus, sondern sorgen für ein besseres Raumklima. Das meiste Grün, das viele Haushalte verziert, ist jedoch schädlich bis tödlich giftig.

Zu den häufigsten in den Wohnzimmern zu findenden, aber giftigen Pflanzen gehören:

- Narzissen
- Gummibaum
- Kakteen
- Tulpen
- Aloe
- Efeu
- Orchidee

Diese Auflistung soll nur beispielhaft einige giftige Pflanzen nennen. Neben dem Aspekt, dass viele Pflanzen gesundheitsschädlich für unsere Edelpapageien sind, werden sie den neugierigen Kindsköpfen schnell zum Opfer fallen. Nicht nur, dass Blätter, Blüten und Stängel zernagt und verteilt werden, wird nach getaner Arbeit mit der Erde gespielt.

Wenn Sie sich trotz Recherche unsicher sind, ob eine Ihrer Topfpflanzen giftig ist oder nicht, entfernen Sie diese dennoch vorsichtshalber aus den Räumlichkeiten.

Alle Jahre wieder…

… taucht die Frage auf: Darf ich einen Weihnachtsbaum aufstellen? Natürlich! Als Papageienhalter üben Sie viel Verzicht – aber nicht auf die beliebteste Tradition zu Weihnachten. Welche Baumart Sie auch wählen, die klassische Nordmanntanne oder eine Kiefer, falsch machen können Sie (fast) nichts.

Lametta enthält oft Blei – verzichten Sie auf diese Art der Dekoration.

Für uns ist Weihnachten sehr wichtig. Mit einer Biotanne müssen wir auf diese Tradition nicht verzichten.

Geeignete Pflanzen: Der Ratgeber „Zimmerpflanzen in der Vogelhaltung“ gibt sichere Auskunft, welche Pflanzen Sie daheim und in der Voliere nutzen können: ISBN 978-3-945440-68-1, Arndt-Verlag e. K., Bretten.

Achten Sie darauf, dass es sich um Bio-Bäume handelt. Weihnachtsbäume werden stark gespritzt und behandelt. Diese Pestizide und Düngestoffe dürfen keinesfalls in den Organismus unserer Papageien gelangen.

Verschiedene Online-Shops bieten dem Papageienhalter von heute die passende Baum-Dekoration. Diese kann von unseren gefiederten Mitbewohnern bedenkenlos benagt und manchmal sogar gänzlich verspeist werden.

PRAXISTIPP
Weihnachtskugeln aus Glas gehen beim Umhertollen im Weihnachtsbaum schnell zu Bruch. Das ist nicht nur schade um die Kugeln, sondern birgt auch eine große Verletzungsgefahr. Greifen Sie auf Baumschmuck aus Kunststoff zurück.

Strom – aber ohne Schlag
Stromführende Leitungen und sonstige Kabel (Internet, Lautsprecher, etc.) sollten im Idealfall unter Putz laufen. Dies ist nicht immer möglich; jeder von uns hat Verteilerdosen im Wohnzimmer oder in anderen Räumen. Denken Sie daran, diese entsprechend zu sichern. Verirrt sich ein Kabel dennoch in den Schnabel Ihrer Edelpapageien, wird es dunkel im Haus. Bitte legen Sie nicht einfach die Sicherung wieder um, diese hat sich nicht grundlos ausgelöst. Suchen Sie als erstes die fehlerhafte Stelle im Kabel und deaktivieren Sie die Stromzufuhr. Schalten Sie erst dann wieder die Sicherung ein.

PRAXISTIPP
Seifenkörbe für Duschen eignen sich hervorragend, um Steckdosen oder kleinere Verteilerdosen vor den Schnäbeln unserer Edelpapageien zu verstecken.

Selbst beim Verstecken elektrischer Geräte ist die Neugier groß.

3.7.2 Gefahren bei der Außenhaltung

Frei wie ein Vogel – 2.0
Ich möchte es nochmals erwähnen, da mir dieses Thema sehr am Herzen liegt. Nicht nur ich predige, dass eine Schleuse zu einer Außenvoliere gehört, wie Ihr Name an der Tür. Auch wenn auf vielen Plattformen viel Halbwissen und Unwahrheiten geschrieben stehen, steht doch überall: Bauen Sie eine Schleuse.

Einfach und essenziell: die Schleuse.

Nach wie vor gibt es immer noch Halter, die aus verschiedenen Gründen darauf verzichten. Ein Umstand, der mir nur sehr schwer in den Kopf geht. Liebe Leserinnen und Leser, weder würden Sie einen Fernseher ohne TV-/Internetzugang kaufen, noch ein Auto ohne Räder. Ebenso würden Sie kein Haus ohne Tür oder ein Bad ohne Dusche beziehen.

Warum nicht? Weil das eine ohne das andere nicht funktioniert. Genauso ist es bei einer Außenvoliere ohne Schleuse. Das in sich geschlossene System ist in seiner Funktionsweise gestört und unbrauchbar.

Aus der Praxis: Im Zuge der Vorbereitungen unseres Umzugs habe ich die Außenvoliere abgebaut. Lediglich das Schutzhaus stand noch im Garten, darin meine Edelpapageien. Wie jeden Abend ging ich zum Füttern auf die Terrasse, öffnete die Tür in den Schutzraum und schlagartig kam Lucky auf mich zugeflogen. Ich stand in der Tür, weshalb kein Platz zum Landen war. Mit einem kurzen Schwenk schoss er an mir vorbei ins Freie.

Sein Flug wurde einen Meter hinter mir durch die Schleusentür beendet. Die in der Außenvoliere integrierte Schleuse hatte ich provisorisch vor dem Zugang zum Schutzhaus gebaut. Ohne diese Sicherheitsmaßnahme hätte ich meinen Seelenvogel Lucky verloren und wahrscheinlich nie wieder gefunden.

Ein Verlust, der mit wenig Geld und Aufwand vermieden worden ist.

Gelegenheit macht Diebe

Edelpapageien sind nicht nur liebenswerte und schöne Mitbewohner, sondern auch nicht günstig. Von Zeit zu Zeit liest man Beiträge oder Zeitungsartikel darüber, dass Außenvolieren aufgebrochen und Papageien gestohlen wurden. Ein Wiederfinden der Tiere ist nahezu ausgeschlossen.

Wir haben jede Tür, die einen Zugang zur Voliere ermöglicht, mit Vorhängeschlössern versehen. Zudem werden unsere Hofeinfahrt, die gesamte Voliere und der Schutzraum videoüberwacht. Die Fenster sind ausschließlich mittels Schlüssel zu öffnen.

Schlösser sind kein Allheilmittel. Diese verschaffen Ihnen im Ernstfall wertvolle Sekunden oder Minuten, in denen Sie den versuchten Einbruch bemerken.

Mittlerweile gibt es gute „smarte" Lösungen. Zum Beispiel können Sie Alarmpläne erstellen. In einem definierten Zeitraum meldet die Kamera Bewegungen von Menschen direkt auf Ihr Smartphone und schlägt Alarm.

Stellen Sie die Perspektive der Kamera so ein, dass angrenzende Grundstücke oder öffentliche Wege nicht gefilmt werden. Dies ist in Deutschland gesetzeswidrig.

Die meisten smarten Überwachungssysteme zeichnen beim Auslösen des Alarms auf und gewähren Live-Zugriff. Somit können Sie jederzeit und von überall einsehen, warum der Alarm ausgelöst wurde.

Die Aufzeichnung erfolgt in einer Cloud. Sollten Sie dies aus datenschutzrelevanten Themen nicht möchten, gibt es auch Kameras, die das Videomaterial auf einer Festplatte speichern. Fast alle Lösungen haben auch einen integrierten Slot für Speicherkarten.

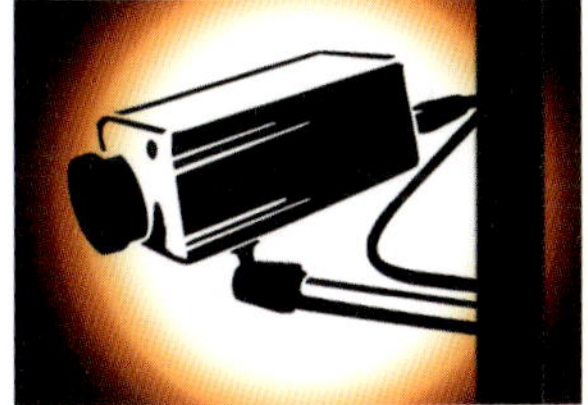

Raubtiere und andere Schädlinge

Edelpapageien, ihre Nahrung und Hinterlassenschaften können eine Vielzahl unterschiedlicher Wildtiere anlocken. Dazu gehören:

- Füchse
- Marder
- Mäuse und Ratten
- verschiedene Insekten
- Katzen

Während wenige Insekten eine Gefahr darstellen, gilt es, die Voliere frei von Räubern zu halten. Zugegeben: Obstfliegen können ziemlich lästig sein, schaden den Papageien aber in keiner Weise. Jeder von Ihnen hat bereits seine Schützlinge beim Klettern am Gitter

Ohne doppelten Draht hätten Räuber in solch einer Situation die Möglichkeit, die Edelpapageien durch das Gitter schwer zu verletzen.

beobachtet. Versetzen Sie sich in diese Situation und stellen Sie sich dazu ein Raubtier wie Katze, Fuchs oder Marder vor. Ein Sprung ans Gitter und der Edelpapagei sitzt in einer schmerzhaften, nicht selten tödlichen, Falle. Meist werden beim Kampf Gliedmaßen abgetrennt, die dann zu starkem Blutverlust, zum Schock und Tode führen.

Fundament aus EHL-Steinen, welche ich auf einen Betonsockel gestellt habe.

Gut sichtbar: zwei Lagen aus Draht schützen die Edelpapageien beim Umhertollen in der Außenvoliere.

Ein sicherer Schutz vor allerlei Eindringlingen ist die weiter oben erwähnte doppelte Verdrahtung. Raubtieren ist es damit nahezu unmöglich, unsere Edelpapageien zu verletzen. Egal, ob von den Wänden oder dem Dach aus. Da Sie das Fundament Ihrer Außenvoliere frostsicher circa 50 cm tief ins Erdreich setzen oder den Volierendraht bis in den Boden laufen lassen, können sich auch keine Ratten oder Marder den Weg in den Freiflugbereich graben.

Fazit

Sie haben einen Einblick in die verschiedenen Unterbringungsarten bekommen und gesehen, worauf es beim Errichten und Einrichten zu achten gilt. Neben Mindestanforderungen an die Haltung (Größe der Voliere) spielen bei Außenvolieren auch bauordnungsrechtliche Faktoren eine Rolle. Sind diese Punkte geklärt, gilt es beim Bauen die richtigen Materialien zu verwenden, um Spiel und Spaß der Edelpapageien sicher zu gestalten. Die richtige Beleuchtung und Bepflanzung bleiben Ihnen ebenfalls in Erinnerung. Warum? Weil Sie gelernt haben, dass Ihr Handeln vom Begriff „artgerecht“ geleitet wird.

Sie haben nun das nötige Basiswissen erlangt, um die Unterbringung, egal, ob im Haus oder draußen, naturnah, sicher und praxisorientiert zu gestalten. Keine Zeile, die Sie gelesen haben, ist nur „kluges Gerede“, sondern gibt Erfahrungen wieder, wie ich sie aus meinem jahrelangen Umgang mit Edelpapageien gewonnen habe.

4. Fütterung

Wie Hippokrates schon sagte: „Deine Nahrungsmittel sollen deine Heilmittel sein". Eine ausgewogene und frische Kost ist für uns Menschen die Basis für ein langes, gesundes Leben. Gleiches gilt besonders für unsere Edelpapageien. Sie sind die Frischkostfresser schlechthin. Umso wichtiger ist es, sich mit diesem Themenbereich der Haltung intensiv zu befassen. Mit einer abwechslungsreichen Versorgung, in Form von Obst und Gemüse, legen Sie einen existenziellen Grundstein für ein langes und gesundes Miteinander.

Die (richtige) Mischung macht's

Wie bei vielen leckeren Lebensmitteln gilt: Es gibt auch zu viel des Guten. Im Allgemeinen sagt man, dass Frischkost (egal, in welcher Form) in unbegrenzter Menge zur Verfügung gestellt werden kann. Dies ist jedoch nur bedingt richtig.

Ausnahmslos mag das für verträgliche Gemüsesorten gelten, jedoch sollte man beim Obst etwas Zurückhaltung walten lassen. Der enthaltene Fruchtzucker und die angenehme Süße machen einen Apfel beliebter

Dank frischem und hochwertigem Obst und Gemüse schmeckt es besonders gut.

als ein Stück Gurke. Doch Zucker ist Zucker, der bei übermäßiger Aufnahme vor allem eines macht: dick.

Ein anhaltendes Übergewicht beeinträchtigt nicht nur den Bewegungswillen, sondern auch die Fähigkeit zu klettern und zu fliegen. Langfristig sind Schäden an Organen und Gelenken keine Seltenheit.

Süße Leckerein dürfen natürlich ebenfalls nicht fehlen, jedoch nur in Maßen!

Biologisch wertvoll

Vermeiden Sie es, Obst und Gemüse zu kaufen, das stark gespritzt oder anderweitig mit Pestiziden behandelt worden ist. Diese Zusatzmittel gelangen mittelbar in den Organismus Ihrer Schützlinge. Ratsam ist es, Frischkost in Bio-Qualität zu kaufen.

In vielen Regionen, auch in Großstädten, bieten Landwirte aus der Umgebung ihre Waren zum Verkauf an. Auf Wochenmärkten erhalten Sie Lebensmittel mit Ursprung aus Ihrer Nähe. Größere Bauerngüter haben meist auch einen eigenen Hofladen. Die Mitarbeiter der Verkaufsstände oder Läden können Ihnen genau sagen, ob und mit welchen Mitteln ihre Waren behandelt wurden.

Geschmäcker sind verschieden

Im Idealfall bekommen Sie einige Tipps vom Tierheim oder der Person, von der Sie Ihre Edelpapageien erworben haben. Die bisherigen Halter wissen, wofür das Edelpapageienherz höherschlägt.

Kaufen Sie zu Beginn kleinere Mengen verschiedener Obst- und Gemüsesorten. Ziel ist es, den Kropf des Papageien zu füllen, nicht den Mülleimer. Kontrollieren Sie täglich die Reste im Napf. So stellen sie zügig fest, welcher Teil der Frischkost ausnahmslos verspeist und welcher übrig gelassen wird.

4.1 Die Morgenfütterung

Neben den Klassikern wie Äpfel und Birnen finden Sie auch andere Früchte in den Obstregalen. Je nach Saison sind unsere Top 10:

- Kirschen
- Feigen
- Mirabellen (am liebsten frühreif)
- Papaya
- Cranberries
- Weintrauben (mit Kernen)
- Weiß- und Feuerdorn
- Granatapfelkerne
- Banane
- Aprikosen

Das Frühstück ist die wichtigste Mahlzeit des Tages, auch für Edelpapageien.

> Himbeerpflanzen, ein Blaubeerstrauch oder eine kleine Weinrebe sind auch Hingucker auf einem Balkon!

Bei Äpfeln und Birnen sollten Sie die Kerne entfernen. Die darin enthaltene Blausäure führt bei übermäßiger Aufnahme zu Vergiftungen. Granatapfelkerne sind ein nahrhafter Snack. Ich möchte Ihnen ans Herz legen, nur die Kerne anzubieten. Ein ganzer Granatapfel ist eine grandiose Beschäftigung – zugleich auch eine riesige Sauerei, die nach dem Verzehr einer Szene aus einem Horrorfilm ähnelt.

Paprika, Chili, Gurke, Cocktailtomaten und Zucchini werden bei uns gern gegessen. Andere Gemüsesorten werden seit Jahren kaum beachtet. Karotten und Stangensellerie werden geduldet und zumindest nicht auf dem Boden verteilt.

> Da Papageien keine Schärfe schmecken können, steht dem Genuss einer leckeren Chilischote oder Peperoni nichts im Weg.

Neben den bereits erwähnten Gemüsesorten kann angeboten werden:

- Brokkoli
- Mais
- Kohlrabi (in kleineren Mengen)
- Fenchel
- Erbsen

4.2 Die Abendfütterung

Am Abend wird ebenfalls Frischkost angeboten. Der Gemüseanteil ist hier jedoch deutlich höher.

Egal, ob bei Menschen oder Tieren: Der Kampf mit dem Gemüse ist bei Kindern und Edelpapageien gleich. Nicht selten wird das angebotene Gemüse erstmal aussortiert und wenn überhaupt, zum Schluss gegessen - Ausnahmen bestätigen die Regel.

Die abendliche Fütterung weicht nicht stark von der am Morgen ab. Ich variiere die Zusammensetzung der Obst- und Gemüsesorten. So entsteht nicht nur eine frische Kost, sondern auch eine abwechslungsreiche.

Der Hauptunterschied zur Fütterung am Morgen besteht im Mengenverhältnis von Obst und Gemüse. Als Zugabe gibt es eine kleine Menge Körnerfutter.

- Unsere Edelpapageien, welche im Haus leben, erhalten 5 % des Körpergewichts
- Die Edelpapageien, die im Garten in einer Außenvoliere wohnen, bekommen in den Sommermonaten ebenfalls 5 % des Körpergewichts, in den Wintermonaten 7 %.

PRAXISTIPP

Ich füttere am Morgen, bezogen auf die Gesamtmenge, 70% Obst und 30% Gemüse. Am Abend ist das Verhältnis genau umgekehrt. Warum? Über den Tag hinweg wird durch das viele Klettern und Fliegen der aufgenommene Fruchtzucker verbrannt. Das Workout bleibt am Abend oder über Nacht selbstverständlich aus. Somit hätte der aufgenommene Zucker die Möglichkeit „anzusetzen".

4.3 Die Natur deckt den Tisch - Futterpflanzen

Selbstanpflanzen kann Freude machen, selbst wenn kein eigener Garten vorhanden ist.

Als Zugabe zur herkömmlichen Frischkost kann der Napf mit einer Vielzahl an Kräutern verziert werden. Achten Sie darauf, die Mengen gering zu halten. Kräuter sollten nicht täglich angeboten werden. Viele von ihnen enthalten verschiedene ätherische Öle, die unterschiedliche Auswirkungen auf den Organismus unserer Papageien haben – und zwar, bei übermäßiger Aufnahme, meist negativ.

Futtermix aus Salaten und Kräutern aus eigenem Anbau.

In kleinen Mengen darf in den Napf:

- Basilikum
- Bärlauch
- Petersilie (nicht die Früchte und die Blüten!)
- Zitronenmelisse
- Oregano

Kräutern werden seit Jahrhunderten heilende und wohltuende Wirkungen nachgesagt. Petersilie zum Beispiel wird eine blut- und nierenreinigende Wirkung unterstellt. Bei einem gesunden Vogel kann dieses Kraut in kleinen Mengen eine wohltuende Wirkung entfalten. Ist ein Papagei jedoch mit einer chronischen Nierenkrankheit vorbelastet, sollte auf die Gabe von Petersilie verzichtet werden.

Im Frühling und Sommer deckt die Natur nicht nur den Tisch für einheimische Vögel, sondern auch für unsere Papageien. Mit der nötigen Sachkunde ist es möglich, das Futter des täglichen Bedarfs zu großen Teilen der heimischen Flora zu entnehmen.

LITERATURTIPP für geeignetes Obst/Gemüse: Früchte, Gemüse & Nüsse. Superfood für Papageien, Sittiche, weitere Ziervögel und Ziergeflügel. Dieses Fachbuch (ISBN 978-3-945440-85-8) von Prof. Dr. Petra Wolf und Volker Oertel (erschienen im Arndt-Verlag e. K.) gibt Ihnen Sicherheit und einen Überblick, was Sie verfüttern können.

Beispielhaft möchte ich nur wenige Futterpflanzen aufführen, die leicht zu erkennen sind. Ich habe die untenstehenden Pflanzen ausgewählt, da diese meiner Erfahrung nach am liebsten von den Edelpapageien gegessen werden.

Weißdorn, Feuerdorn und Sanddorn
Diese Vertreter der rosenartigen Gewächse gehören zu den beliebtesten Leckereien, die die Natur unseren Edelpapageien bietet. Allem voran Weiß- und Feuerdorn, welche mit ihren roten Beeren Papageien zu einem Snack einladen. Es ist nicht notwendig, die Beeren zu ernten. Gern kann ein ganzer Ast samt Blättern und Früchten in die Voliere gehängt werden.

Neben dem Aspekt der Fütterung sind die oben genannten Sträucher in der Blütezeit eine wahre Augenweide. Es tummeln sich viele nützliche Insekten wie zum Beispiel Honigbienen im Blütenmeer dieser Gewächse.

Schlehe
Die Schlehe gehört zur Familie der Steinobstgewächse. Sie wächst strauchartig und hat eine dunkle Rinde. Die gemeine Schlehe ist eine leicht zu identifizierende Pflanze, da die weiße Blütenpracht lange vor dem Austreiben der Blätter zu sehen ist. Die Blüten ähneln denen der Kirsche und sind somit leicht zu erkennen. Die Früchte ähneln Blaubeeren.

Holunder
Während jedoch beim Weißdorn alle Bestandteile bedenkenlos fütterbar sind, ist dies beim Holunder nicht der Fall. Immer wieder liest man auf verschiedenen

Achten Sie beim Feuerdorn auf die Dornen (Verletzungsgefahr!). Empfehlung: Nur die Beeren reichen.

Feuerdorn

Die Beeren schmecken nach dem ersten Frost süßlich. Vorher sind sie ungenießbar.

Schlehe

Holunder wird auch als Wegweiser in den Sommer bezeichnet, da er konstante, warme Temperaturen benötigt.

Holunder

Plattformen Gedanken zu den Bestandteilen des Holunders, welche im Zweifelsfall stark gesundheitsgefährdend sind.

Der Holunder ist an seinen stark verholzten und rissigen Ästen und Stämmen zu erkennen. Sein Blätterdach wird im Mai und Juni durch eine weiße Blütenpracht ergänzt. Im Anschluss reifen die kleinen, schwarzen Beeren.

Vom Holunder dürfen ausschließlich die ***reifen*** Beeren verfüttert werden. Alle anderen Pflanzenbestandteile wie Wurzel, Astwerk und Blätter sind giftig.

Löwenzahn

Jeder kennt ihn und summt wahrscheinlich während des Lesens die altbekannte Melodie von Peter Lustig. Während diese Pflanze bei vielen Gärtnern für Verdruss sorgt, ist sie ein willkommener Punkt auf dem Speiseplan für unsere Papageien. Von der Wurzel, über die Blätter, bis hin zur gelben Blüte wird diese Pflanze gern benagt.

Eberesche

Neben dem Weißdorn zählt die Eberesche, umgangssprachlich Vogelbeere genannt, wohl zu den beliebtesten Futterpflanzen. Leicht zu erkennen an der Wuchsform, der dunklen Rinde und den vielen kleineren Blättern, die das Astwerk in Querrichtung säumen.

Die roten reifen Beeren können hängend am Geäst in die Voliere gegeben werden. Durch den hohen Nährstoffgehalt sind sie besonders gesund.

Auch bekannt als Kuhblume ist der Löwenzahn ein nahezu ganzjährig begehrter Snack.

Löwenzahn

Die Beeren der Eberesche können Sie einfrieren und in den Wintermonaten verfüttern. Ein gesunder Snack für die kalte Jahreszeit!

Eberesche

Luna verspeist genüsslich ein Stück gekochte, ungewürzte Kartoffel.

4.4 Hausgemachtes & Tierische Proteine

„Liebe geht durch den Magen“ – nicht nur bei uns, auch unsere Edelpapageien lieben es, verwöhnt zu werden. Bei der Zubereitung der Abendfütterung für sich und Ihre Familie können Sie kleinere Mengen verschiedener Lebensmittel parallel für Ihre Edelpapageien zubereiten.

Besonders beliebt bei unseren Sonderlingen sind:

- Kartoffeln
- Nudeln
- Reis
- gekochtes Gemüse

Achten Sie bei der Zubereitung der oben genannten Nahrungsmittel darauf, dass diese ausschließlich ungewürzt angeboten werden dürfen.
Während Sie Kartoffeln nur im gekochten Zustand anbieten sollten, können Sie Nudeln und Reis im rohen Zustand geben. Das ist eine willkommene Abwechslung und ein kleiner Knabberspaß.

Von Zeit zu Zeit taucht auf den verschiedensten Plattformen die Frage auf:

"Darf ich meinen Papageien tierische Proteine geben?“

In diversen Fachgeschäften sind diese in den Bereichen, in denen Vogelfutter angeboten wird, zu finden. Hierzu kann ich Ihnen keine Empfehlung aussprechen. Die Ernährung unserer Edelpapageien ist durch die Zutaten im Körnerfutter proteinreich genug.

Halten Sie Ihre Schützlinge in einer Außenvoliere, werden Sie feststellen, dass nach regnerischen Tagen ein Regenwurm oder andere Insekten probiert werden. Das ist kein Grund zur Sorge, sondern ein ganz natürliches Verhalten. Zu beachten gilt jedoch, dass der Kot von Edelpapageien, die in Außenvolieren mit Naturboden leben, regelmäßig auf Parasiten untersucht wird. Gerade die erwähnten Regenwürmer können diese übertragen.

4.5 Pellets

Das Thema zur extrudierten Fütterung von Edelpapageien möchte ich in diesem Kapitel nicht unbedacht lassen. Die Prozesstechnik zur Herstellung des Futtermittels hat sich im Laufe der Jahre stark verbessert. Ein im Grunde wichtiger Aspekt, der zur Verbesserung der Qualität und Hygiene maßgeblich beigetragen hat. Eine Empfehlung, Ihre Edelpapageien damit zu versorgen, erhalten Sie dennoch nicht, weil:

1. Bei der Herstellung werden, neben den Nahrungsbestandteilen, zwei Dinge benötigt: Druck und Hitze. Auch wenn es mittlerweile Niedertemperaturverfahren gibt, sorgt der Fertigungsprozess dennoch dafür, dass wichtige Inhaltsstoffe (wie zum Beispiel Vitamine) zerstört werden. Die verloren gegangenen Stoffe werden nach dem Pressen künstlich auf die Pellets aufgetragen, um diese anzureichern.

2. Edelpapageien stammen aus Regionen, die als nährstoffarm einzustufen sind. Wenn Sie nun angereicherte Pellets füttern, kann es dazu führen, dass Sie Ihre Schützlinge mit Vitaminen überversorgen. Aus "gut gemeint" wird schnell "zu viel des Guten". Mehr dazu können Sie im Kapitel 5 im Gastbeitrag von Hermann Kempf, Leiter der Exotenpraxis Augsburg, nachlesen.

3. Pellets sind "langweilig" und nicht in Einklang mit der natürlichen Nahrungsaufnahme zu bringen. Sie haben bereits gelesen, dass Edelpapageien den Großteil des Tages mit zwei Dingen beschäftigt sind: Nahrungsaufnahme und Ruhen. Das ausgiebige Suchen nach Nahrungsquellen fällt in menschlicher Obhut weg. Es bleibt somit lediglich das genüssliche Schälen von gesunden und frischen Früchten. Ein weiterer Punkt, der bei Pellets nicht möglich ist.

4. Das extrudierte Futtermittel hat die gleichen Bestandteile wie ein Körnerfutter, ist aber aufgrund der aufwändigen Herstellung um ein Vielfaches teurer.

Fazit

Obst und Gemüse, sowie das Körnerfutter, müssen nicht nur qualitativ hochwertig sein, sondern auch in der richtigen Menge angeboten werden. In den warmen Monaten des Jahres bietet Ihnen die Natur eine Vielzahl von Leckereien an. Nehmen Sie nur so viel mit, wie Ihre Edelpapageien essen, um anderen Lebewesen keine Nahrungsquelle zu entziehen. Lassen Sie Pflanzen an Ort und Stelle, die Sie nicht zweifelsfrei identifizieren können.

Für das Füttern von Pellets erhalten Sie von mir keine Empfehlung. Damit möchte ich keinesfalls die Daseinsberechtigung des Nahrungsmittels in Frage stellen. In diesem Buch geht es jedoch ausschließlich um Edelpapageien, die Sonderlinge unter den Außergewöhnlichen, für die das gepresste Futter keine Alternative ist.

Eine gesunde Ernährung von Edelpapageien hat stets den Schwerpunkt auf pflanzliche Kost bzw. Frischkost.

Ich möchte Ihnen daher gerne diesen speziellen Buchtipp für vertiefendes Wissen zur Fütterung mitgeben: „Vogelfutterpflanzen aus Natur und Garten“ von Dipl.-Biologin Bärbel Oftring und Prof. Dr. med. vet. Petra Wolf (ISBN 978-3-945440-33-9).

Von Pellets halten unsere Edelpageien nichts. Frische Früchte und Gemüse genießen einen weitaus höheren Stellenwert.

5. Gesundheit

Ich hoffe, dass Sie in Ihrer Zeit als Papageienhalter nicht, oder nur selten, mit diesem Thema konfrontiert werden. Es wird jedoch Situationen geben, die eine medizinische Versorgung notwendig machen. Damit Sie dafür gewappnet sind, möchte ich Ihnen das notwendige Handwerkszeug auf den Weg geben.

Bevor wir in dieses Kapitel einsteigen: Grundlegend unterscheiden sich Edelpapageien bei der Erkennung von Krankheitsbildern, bei deren Diagnostik und Therapie von anderen Papageien nur äußerst geringfügig. Krankheitsbilder in der Welt der Papageien können somit vereinfacht betrachtet als „allgemeingültig“ bezeichnet werden. Mit dem folgenden Allgemeinwissen und dem oben erwähnten „Handwerkszeug“ werden Sie in der Lage sein, jede Notfallsituation zu meistern.

5.1 Der richtige Tierarzt & Krankheitsanzeichen erkennen

Der richtige Tierarzt

Mein persönlicher Rat an Sie ist, sich bereits mit der Anschaffung Ihrer Edelpapageien zu informieren, wo sich der für Sie nächstgelegene vogelkundige Tierarzt niedergelassen hat. Bei vogelkundigen Tierärzten reden wir von Spezialisten, die eine Zusatzausbildung (zusätzlich zum tiermedizinischen Studium) absolviert haben. Die meisten Tierärzte stellen dies auf Ihren Internetauftritten dar. Haben Sie einen Tierarzt in der Nähe gefunden und sind sich nicht sicher, ob dieser die Zusatzausbildung hat, fragen Sie danach. Nur keine Scheu dabei. Bei uns Menschen ist es üblich, für die medizinischen Fachbereiche versierte Spezialisten zu haben. Somit ist es nur richtig, dass Sie Ihre Papageien in fachkundige Hände geben möchten.

Anzeichen einer Krankheit erkennen

Das bewusste Wahrnehmen von Verhaltensänderungen ist ein existenzieller Baustein zur frühzeitigen Erkennung möglicher Krankheiten. Je eher eine Krankheit durch Sie bemerkt wird, desto früher kann sie durch einen vogelkundigen Tierarzt diagnostiziert und therapiert werden.

> Im Freiland werden alte, schwache und kranke Tiere aus dem Gruppenverband verstoßen. Sie sind leichte Beute und gefährden somit den Schwarm.

Diese Form der frühzeitigen Wahrnehmung ist wichtig, da Papageien und Sittiche wahre Meister der Scharade sind. Sie verbergen instinktiv Krankheiten und Gebrechen so lange, bis sie körperlich dazu nicht mehr in der Lage sind. Das bedeutet, wenn Ihr Edelpapagei Anzeichen einer Krankheit zeigt, ist es fünf vor zwölf. Die Zeitspanne vom Erkennen von Krankheitsanzeichen bis zur Diagnostik sollte möglichst gering sein, um eine vollständige Genesung zu gewährleisten. Wesentliche Anzeichen dafür, dass Ihr Edelpapagei einem vogelkundigen Tierarzt vorgestellt werden sollte, sind:

- Teilnahmslosigkeit, nicht reagieren auf Ansprache, übermäßige Schläfrigkeit

- trüb wirkende Augen (mandelförmig)
- glanzloses, mattes oder gar struppiges Gefieder (auch aufplustern)
- Schwanzwippen
- Störungen des Gleichgewichtssinns, unkoordiniert wirkende Bewegungen
- starke Reduzierung oder gar Verweigerung der Nahrungsaufnahme
- übermäßige Aggressivität
- veränderte Ausscheidung
- Erbrechen

Diese Auflistung soll beispielhaft dazu dienen darzutun, bei welchen Anzeichen es nötig ist, dass Ihre Alarmglocken zu schrillen beginnen. Sie als verantwortungsbewusster Halter wissen am besten, wann eine Untersuchung notwendig ist. In solch einer Situation gilt ganz klar: Lieber einmal zu viel kontrollieren, als einmal zu wenig.

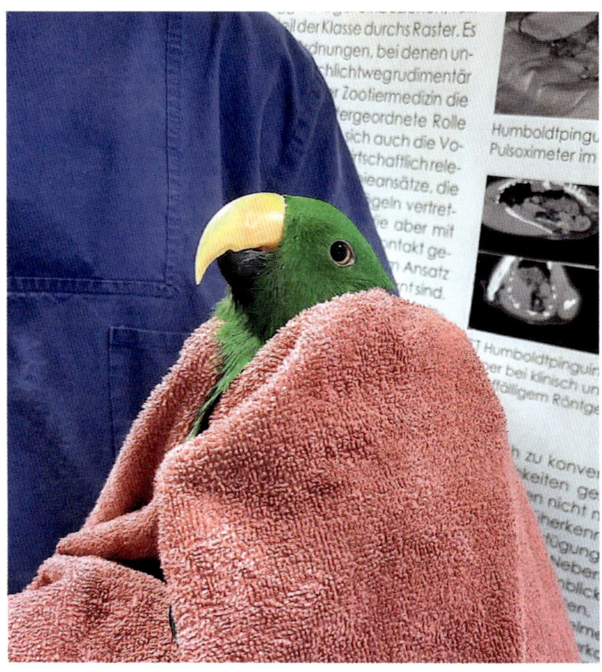

Einer unserer Edelpapageien bei der Behandlung beim vogelkundigen Tierarzt.

5.2 Medical Training

Hinter dieser Begrifflichkeit versteckt sich keinesfalls eine hochkomplexe Wissenschaft. Lediglich ein Handwerkszeug, das Ihnen das Handeln im Krankheitsfall oder bei einem Unfall maßgeblich erleichtert. Erwähnt soll jedoch auch sein, dass wir das Thema in diesem Buch nur anschneiden werden. Die Thematik lässt sich, wie manch anderer Inhalt, weiter ausbauen und vertiefen.

Warum Training?

Training soll immer eins haben: ein Ziel. Arztbesuche und Medikamente verabreichen sind beides Dinge, die bei Halter und Edelpapagei für Stress sorgen. Unter Stress passieren Fehler, die entweder einen Biss zur Folge haben oder dass die verschriebene Medizin nicht vom Vogel aufgenommen wird. Außerdem gilt: Gerade in Krankheitsphasen jeglichen Stress zu reduzieren, um dem Vogel die Gesundung zu erleichtern. Beim Medical Training geht es darum, Besuche beim Arzt und die Gabe von Medikamenten maßgeblich zu erleichtern. Wir springen gedanklich kurz in frühe Kindheitstage. Wahrscheinlich erinnert sich jeder von uns an den Hustensaft, der mehr Grund zum Wegrennen als zum Genesen war. Jedoch sagt man nicht grundlos: „Medizin, die schmeckt, hilft nicht". Ich kann mich lebhaft daran erinnern, wie es meiner Mama und mir erging. Ich war krank und quengelig, meine fürsorgliche Mutter meinte es gut und wollte Medizin geben. Bis die Medizin aber im Mund war, gab es reichlich Protest und Frust auf beiden Seiten. Das darf mit Ihren Papageien nicht sein.

Nicht anders geht es unseren bunten Kindsköpfen. Das Verabreichen von Medizin kann unter Umständen überlebenswichtig sein. Mit Medical Training können Sie bewirken, dass das Geben der Medikation weder Stress noch Frust auslöst. Die meisten Medikamente, die sie vom vogelkundigen Tierarzt mitbekommen und selbst verabreichen dürfen, sind in Pulver- oder flüssiger Form.

„Bestechung" ist alles

Papageien, Kakadus und auch jedes andere (wildlebende) Tier tun nahezu nichts, ohne daraus einen Nutzen zu ziehen – oder die Aussicht darauf zu haben. Somit liegt es nahe, dass Sie Ihre Edelpapageien belohnen, sobald sie ein von Ihnen gewünschtes Verhalten zeigen. In diesem Fall möchten wir, dass unsere Mitbewohner Medikamente vollständig aufnehmen.

Ich verspreche Ihnen, ein solides Bestechungsmittel wird Babybrei sein. Mir fällt spontan kein Edelpapagei ein, der für ein paar Löffel Babybrei nicht so einiges mit sich anstellen lassen würde. Zudem ist dieses Leckerchen hervorragend dazu geeignet, Medikamente darin zu verstecken.

Medikamentengabe leicht gemacht. Versteckt im Obstbrei wird Medizin im Handumdrehen genommen.

Mit Babybrei wird das Training kinderleicht.

Zu Beginn sollten Sie verschiedene Sorten kaufen, um herauszufinden, welche Geschmacksrichtung die liebste ist. Praktischerweise gibt es unser Bestechungsmittel in kleinen Gläsern oder Tütchen, sodass im Falle, dass es nicht schmeckt, nicht viel im Müll landet.

Geben Sie den Brei mit einem kleinen Löffel beiden Papageien im Wechsel, damit keiner eifersüchtig wird. Achten Sie darauf, dass der Löffel in Ihrer Hand bleibt und die Papageien auf dem Ast oder Ihrem Arm – zu schnell sind sie mit dem Gesicht im Glas verschwunden.

Nehmen Ihre beiden Schützlinge Brei vom Löffel, haben Sie einen großen Schritt getan. Mit einfachsten Mitteln und einem schnellen Erfolgserlebnis können Sie nun einen Sprung nach vorn machen. Damit das Verabreichen flüssiger Medikamente klappt, wappnen Sie sich mit einer Spritze und dem Babybrei, den Ihre beiden Lieblinge besonders mögen.

Füllen Sie den Babybrei im Beisein der Edelpapageien in die Spritze. So wissen die beiden genau, was sich darin findet und sind über den Inhalt weniger miss-

Luna nimmt problemlos Calcium, gemischt mit Babybrei, aus der Spritze.

trauisch. Dann heißt es: ran an den Vogel! Das Prinzip ist das Gleiche, füttern Sie im Wechsel beide Papageien aus der Spritze. Mit diesem einfachen Konzept sind Sie binnen kurzer Zeit in der Lage, Medikamente zu geben. Frei von Stress oder Frust sichern Sie die Genesung im Krankheitsfall.

Impuls
Sie können weitere Dinge trainieren, die Untersuchungen und andere medizinische Vorgänge maßgeblich erleichtern. Ebenfalls beliebt ist das Anheben der Schwinge durch den Menschen. Das setzt jedoch großes Vertrauen und eine enge Bindung zwischen Halter und Edelpapagei voraus, ebenso wie intensiveres Training. Im Grunde gibt es aber nur sehr wenig, das Sie Ihren Schützlingen nicht antrainieren können – solange es sich für die gefiederten Schönheiten lohnt.

In der Regel ist die erste Handlung des Tierarztes das Wiegen. Auch das freiwillige Hinsetzen auf einen Ast, welcher befestigt ist, können Sie mit schnellen Erfolgen trainieren.

5.3 Notfallapotheke

Viele von Ihnen haben ein kleines Schränkchen mit Medikamenten wie Aspirin, Paracetamol oder sonstigen Mitteln, um im Falle einer Krankheit schnell reagieren zu können. Gleiches sollten Sie für Ihre Edelpapageien einrichten.

Bevor ich näher darauf eingehe, was sich darin befinden sollte, möchte ich Ihnen nahelegen: Geben Sie keine Medikamente oder Mittel, ohne diese und deren Dosierung mit Ihrem vogelkundigen Tierarzt besprochen zu haben.

Dr. Google verleitet dazu, eigenständig Diagnostik zu betreiben. Bitte nehmen Sie davon Abstand. Ohne die zwingend erforderliche medizinische Kenntnis können Fehlinterpretationen von Hinweistexten, Dosierungsempfehlungen oder Krankheiten schwerwiegende Folgen haben.

Da Sie allgemeines Wissen über die Erkennung von Krankheitsanzeichen erlangt haben, können Sie sich mit dem Einrichten der Notfallapotheke beschäftigen. Die folgende Liste soll beispielhaft veranschaulichen, welche Utensilien den Weg in den Notfallschrank finden sollen.

1. **Ein Paar dicke Handschuhe**

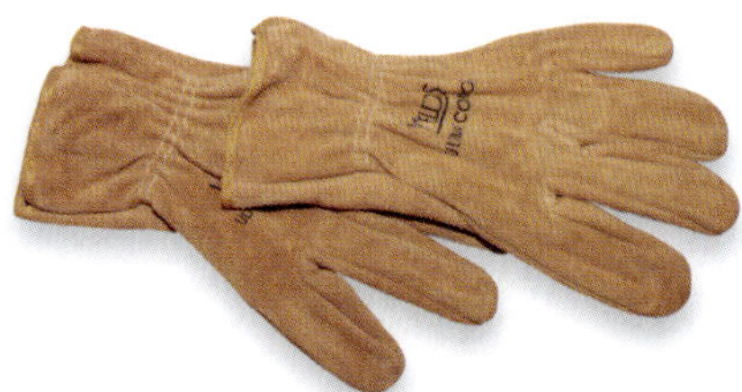

Jeder Vogel kann unausstehlich werden, wenn er sich in einer für ihn extremen Situation befindet. Um Ihren Schützling daraus zu befreien, kann es notwendig sein, dass Sie ihn greifen müssen. Damit Sie vor schweren Bissverletzungen geschützt sind, empfiehlt sich in solchen Situationen das Tragen von dicken Handschuhen.

Beispiel: Einer Ihrer Edelpapageien verfängt sich beim Klettern am Gitter. Eigenständig kann er sich nicht befreien und ist auf Ihre Hilfe angewiesen. Ein verängstigter Vogel, der solch einer Situation nicht entfliehen kann, wird beißen – auch wenn Sie ihn nur befreien wollen.

2. **Dunkelstrahler**

In einigen Fällen müssen Papageien zum Erholen während oder von einer Krankheit separiert und in einem Krankenkäfig untergebracht werden. Hier bietet es sich an, über diesen einen Dunkelstrahler anzubringen. Decken Sie einen Teil des Krankenkäfigs ab. Somit kann Ihr Schützling eigenständig wählen, ob er unter dem Strahler sitzen möchte oder nicht.

Bitte nehmen Sie von der Nutzung von Wärmelampen Abstand. Diese können Krankheitsbilder verschlimmern.

3. **Brand- und Wundgel**

Zur schnellen Behandlung kleinerer Wunden empfiehlt es sich, Wundgel zur Hand zu haben. Dies kann auch in Form einer Sprühsalbe sein. Achten Sie unbedingt darauf, dass Sie ausschließlich zink- und cortisonfreie Salben verwenden.

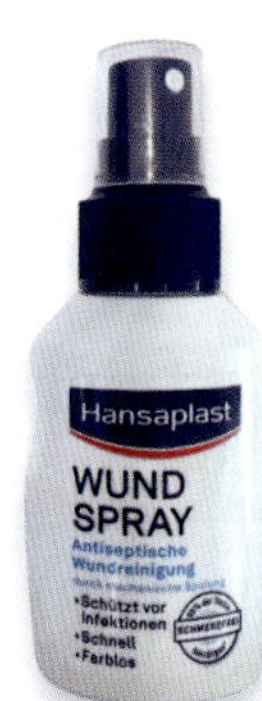

4. **Aktivkohle, besser Heilerde**

In vielen Geschäften finden Sie sogenannte „Vogelkohle“. Diese dient dazu, dem Organismus Giftstoffe zu entziehen, sollte der Vogel Kleinstmengen einer für ihn giftigen Substanz zu sich genommen haben.

Diese Kohle ist keinesfalls für Anwendungen über einen längeren Zeitraum geeignet. Greifen Sie lieber zur Heilerde, diese wirkt wesentlich weniger negativ auf den Organismus Ihres Edelpapageien ein.

Vogelkohle entzieht dem Körper viel Wasser, weshalb es auch zur kurzfristigen Akutbehandlung von Durchfall genutzt werden kann.

5. **Tropfen für den Notfall**
   Unfälle bedeuten immer eins: Stress. Diesem kann man mit sogenannten „Rescue-Tropfen“ etwas minimieren. Diese sollten Bachblüten enthalten und sind rein pflanzlich. Sie tragen zur Beruhigung Ihrer Edelpapageien bei.

6. **Kamillentee**
   Dieser schmeckt im abgekühlten Zustand nicht nur und ist gesund, sondern wirkt antibakteriell. Kamillentee eignet sich ebenso zum Reinigen von Wunden.

7. **Pinzette**
   Beim Klettern auf frischen Ästen oder auf dem Schrank kann es passieren, dass Ihr Schützling sich einen Span einzieht. Mit einer Pinzette können Sie diesen entfernen.

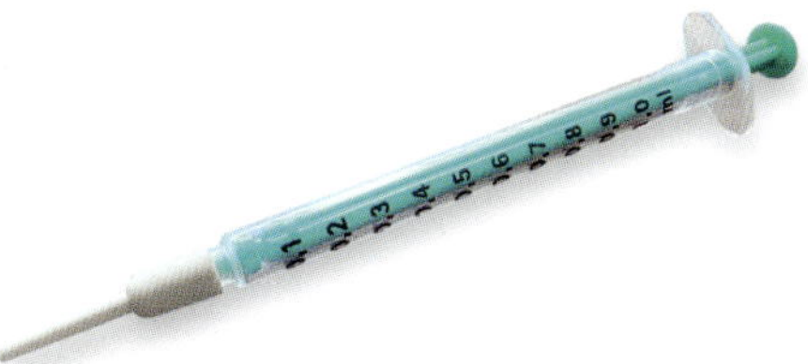

8. **Spritze**
   Im Kapitel zum Medical Training haben Sie gelernt, wie Sie stressfrei und einfach Medikamente geben können. Halten Sie hierzu einige Spritzen bereit.

9. **Probenröhrchen**
   Sollten Sie mit Ihrem Edelpapagei zu Ihrem vogelkundigen Tierarzt wegen Verdachts einer Krankheit fahren, empfiehlt es sich, möglichst frischen Kot in einem Probenröhrchen mitzubringen.

10. **Wattetupfer, Verbandszeug, Schere**
    Je nach Art der Verletzung kann es notwendig sein, Wunden regelmäßig zu säubern und anschließend neu zu verbinden. Wie Sie das genau machen, erklärt Ihnen der behandelnde Arzt gern nach der Erstversorgung Ihres Schützlings.

Weiterführend bitte ich Sie zu beachten:

- Nehmen Sie nur Notfallbehandlungen vor, die Sie sich selbst zutrauen.

- Medikamente und deren Dosis sind immer mit Ihrem vogelkundigen Tierarzt abgestimmt. Gleiches gilt für die Dauer der Medikation. Halten Sie sich bitte strikt daran, um das Wohl Ihres Schützlings zu gewährleisten

Abschließend ein Rat von mir: Keine Behandlung (durch Sie als Halter und medizinischen Laien) ist besser als eine falsche.

5.4 Der Edelpapagei beim Tierarzt

Fachbeitrag von Tierarzt Hermann Kempf, Leiter der Exotenpraxis Augsburg

Haltern von Edelpapageien ist durchaus bewusst, dass diese Tiere besonders sind. Wie recht sie haben, zeigt aber auch die einzigartige Biologie und Anatomie. Drei dieser Besonderheiten haben auch unmittelbar Auswirkungen auf die Gesundheit. Die Federstruktur, der Verdauungstrakt und das Sozialverhalten. Entsprechend können wir bei Edelpapageien auch tierartspezifische Krankheitskomplexe finden.

Die Federstruktur

Anders als viele andere Papageien, besitzen Edelpapageien keine Puderfedern und pflegen ihr Gefieder ausnahmslos über die Bürzeldrüse. Die leuchtende Färbung des Gefieders entsteht durch einen einzigartigen Farbstoff, das Psittacofulvin. Die Nanostruktur dieses Pigments führt über Lichtbrechung zu dem bekannten farbenfrohen Erscheinungsbild. Hält man die Feder ins Gegenlicht, erscheint sie plötzlich monoton braun. Dieses Pigment hat darüber hinaus eine antibakterielle Wirkung, die in der natürlichen tropischen Umgebung vor gefiederschädigenden Bakterien schützt.

Die tägliche Gefiederpflege schützt diese Nanostruktur und verlängert die Lebensdauer der Feder. Irgendwann nutzt sich auch eine gut gepflegte Feder ab und dann erfolgt eine Erneuerung des Gefieders durch die Mauser.

Ein intaktes Kopfgefieder und überpflegtes Kleingefieder weisen eher auf eine Rupferproblematik hin. Da hier durchaus auch medizinische Gründe, wie beispielsweise Virusinfektionen oder Leberschäden, ursächlich sein können, sollte auch hier vogelkundiger tierärztlicher Rat gesucht werden.

Bei mechanischer Überbelastung oder Störungen des Bürzeldrüsensekretes reicht die Pflege nicht aus und das Gefieder zeigt schon vor der nächsten Mauser deutliche Abnutzungserscheinungen. Dies tritt beispielsweise dann auf, wenn der Vogel ein übersteigertes Putzverhalten an den Tag legt. Hier gibt es eine Vielzahl von Auslösern: von Feinstaub über Stress bis hin zur Langeweile. Pigmentierungsstörungen sind also ein deutlicher Hinweis auf ein möglicherweise beginnendes Rupfverhalten und sollten daher ernst genommen werden. Derartige Gefiederschäden treten aber auch durch anderweitige mechanische Überbelastung auf. Hier ist eine der häufigsten Ursachen tatsächlich das Groomingverhalten der Besitzer. Streicheln und Kraulen durch den Tierhalter führen insbesondere bei männlichen Edelpapageien zu einer schwarzen Fleckung des grünen Gefieders. Das mag auf den ersten Blick nur ein kosmetisches Problem sein, kann aber durchaus den Vogel animieren, dass Gefieder vermehrt zu pflegen. Von hier ist es bis zum übersteigerten Putzverhalten und schlussendlich zum pathologischen Rupfen nicht mehr weit.

Aber auch das Bürzeldrüsensekret kann verändert sein und damit unfreiwillig durch das normale Putzverhalten des Vogels zur Beschädigung des Gefieders führen. Die Zusammensetzung der Lipide, die von der Drüse freigesetzt werden, hängt massiv von deren Resorption aus dem Verdauungstrakt ab. Entsprechend können Störungen in der Verdauung auch eine unmittelbare Auswirkung auf das bereits entwickelte Gefieder haben.

Viel größer ist die Auswirkung der Ernährung auf die wachsende Feder. Federn wachsen insbesondere bei Jungtieren innerhalb eines Tages um mehrere Millimeter. Stressbedingte Futterpausen können sich hier deutlich in einer pigmentfreien Querstreifung äußern. Insbesondere Leberschäden können zu Stoffwechselstörungen führen, die die gesamte Pigmentierung einer nachwachsenden Feder stören. Im Rahmen einer Mauser können also plötzlich einzelne gelbe Federn auftreten, wo vorher nur grün war.

Ähnliche Farbveränderungen, die erst im Alter sichtbar werden, können auch durch späte Infektionen mit Circoviren (Psittacine Beak and Feather Disease) oder Polyomaviren (Französische Mauser) auftreten. Finden sich fehlfarbene Federn von Anfang an, kann das auch einmal eine Laune der Natur sein. Die Unterscheidung, ob es sich um eine genetische Varianz oder ein Frühwarnsignal für eine Erkrankung handelt, kann nur mit weiterführenden Untersuchungen vorgenommen werden.

Der Verdauungstrakt

Im Laufe der Evolution hat sich der Verdauungstrakt der Edelpapageien an das Nahrungsangebot im ur-

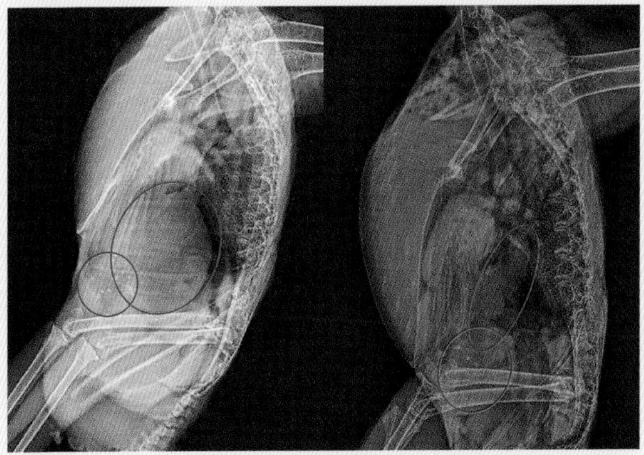

Seitliche Röntgenaufnahmen eines Edelpapageis (links) und eines Graupapageis (rechts) im Vergleich. Der Drüsenmagen ist jeweils rot gekennzeichnet. Es ist deutlich zu erkennen, dass der gesunde Drüsenmagen eines Edelpapageis merklich größer ist.

Zeigt sich ein Edelpapagei derart desinteressiert und schläfrig, hat man in der Regel schon zahlreiche Warnsignale übersehen und sollte dringend tiermedizinischen Rat suchen. Um derartig lebensbedrohliche Situationen rechtzeitig zu erkennen, empfehlen sich jährliche Gesundheits-Checks in einer vogelkundigen tiermedizinischen Praxis.

sprünglichen Lebensraum angepasst. Dieses Nahrungsangebot umfasst viele Früchte (insbesondere Feigen), unreife Nüsse, Blütenknospen und gelegentlich auch Sämereien. So entsteht eine faserreiche (Pektin) und kohlenhydratarme Ernährung. Ein Umstand, dem die Evolution mit anatomischen Anpassungen des Verdauungstraktes Rechnung trägt.

Dazu gehört ein grundsätzlich etwas längerer Drüsenmagen als bei vielen anderen Psittaziden. Dieser Drüsenmagen weist aber noch eine weitere Besonderheit im Übergang zum Muskelmagen auf. Bei Edelpapageien reicht die derbe Innenauskleidung (Koilinschicht) des Muskelmagens weit in den Drüsenmagen. Eine Anpassung, die die mechanische Verdauung des Pektins begünstigt

Die anschließenden Darmabschnitte sind deutlich länger als bei anderen Papageien. Dies ist notwendig, um genügend Energie aus der nährstoffarmen Nahrung zu resorbieren. Im Umkehrschluss kann dieser hochspezialisierte Verdauungstrakt leicht in Schwierigkeiten geraten, wenn die Ernährung nicht artspezifisch erfolgt.

Häufig denken Halter bei fruchtfressenden tropischen Vögeln an Bananen, Weintrauben, Äpfel etc. Diese Früchte sind, verglichen mit natürlich vorkommenden Früchten, sehr zuckerhaltig. Vergleichen Sie beispielsweise eine Walderdbeere mit züchterisch veredelten Erdbeeren aus dem Handel. Fruchtsorten, die wesentlich näher am natürlichen Nahrungsspektrum liegen, sind neben Feigen, Kiwis, Papaya verschiedene Beeren. Aber auch Hagebutten, Sanddorn und Vogelbeeren sind geeignet. Alternativ sind viele Gemüsesorten oder Pilze geeignet. Auch wenn die Tiere in der Natur gelegentlich Saaten aufnehmen, ist eine reine Körnerfütterung für Edelpapageien schwer verdaulich. Die Folge ungeeigneter Ernährung sind im günstigsten Fall leichte Dysbakterien mit Durchfällen, aber auch schwerwiegende Darmpilzinfektionen, Leberschäden und Entwicklungsstörungen können auftreten.

Das Sozialverhalten

Edelpapageien leben in losen Schwärmen, die sich in der Paarungszeit verdichten und einen deutlichen Männchenüberschuss aufweisen. Die polygam lebenden Weibchen scharen je nach Unterart bis zu 5 Männchen um sich, um eine Fortpflanzungsgemeinschaft zu bilden. Da im Lebensraum der Tiere Bruthöhlen rar sind, besetzen Weibchen diese bis zu 9 Monate im Jahr. Das schränkt sie in ihrer Beweglichkeit deutlich ein, wodurch die zahlreichen Männchen wohl schlicht zur Fütterung des Weibchens notwendig sind. Im Gegenzug zeigen die Männchen untereinander ein reduziertes Aggressionsverhalten und die Weibchen paaren sich mit allen beteiligten Männchen. Unsere heteronormative abendländische Kultur führt zu der häufigen Fehleinschätzung, dass die paarweise Haltung von Vögeln richtig wäre. Dieser Irrglaube ist katholisch, aber völlig unnatürlich. Insbesondere bei den polygamen Edelpapageien kann das erhebliche gesundheitliche Auswirkungen haben. Viele Weibchen ziehen sich in eine vermeintliche Bruthöhle zurück und lassen sich zufüttern. Eine Aufgabe, der ein einzelnes Männchen nicht gewachsen ist. Entsprechend magern die Tiere häufig deutlich ab. Gestörte Abläufe im natürlichen Sexualverhalten führen einerseits zur Frustration mit entsprechenden Stressstörungen wie Rupfen (sowohl Automutilation als auch untereinander) und andererseits zu hormonellen Störungen mit all ihren Facetten von Hyperöstrogenismus bis zur Legenot. All diese Krankheitskomplexe sind multifaktoriell und sicherlich nicht nur auf die falsche Gruppenzusammensetzung zurückzuführen, aber ihr Anteil wird leider viel zu häufig unterschätzt.

Neben diesen sehr typischen Erkrankungen für Edelpapageien können selbstverständlich auch noch alle anderen Erkrankungen der Papageienvögel auftreten.

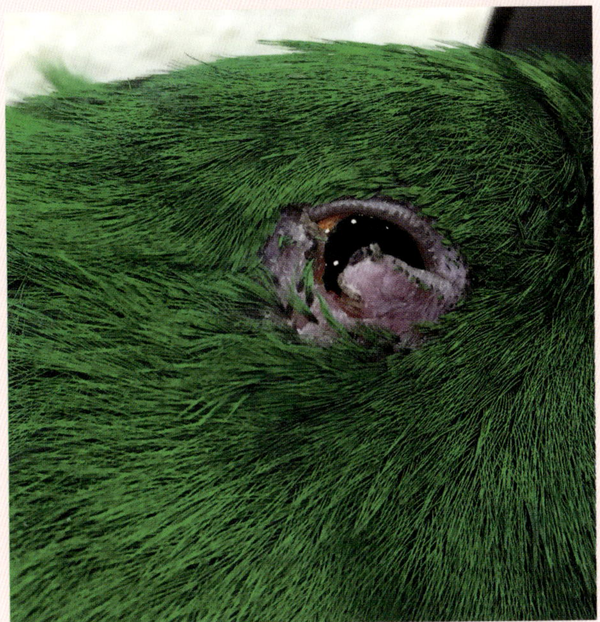

Auch Lidverletzungen können die Folge innerartlicher Auseinandersetzungen sein. Häufig liegen hier ungeeignete Gruppenzusammensetzungen zugrunde. Die dunklen Schattierungen im grünen Gefieder zeigen ebenfalls Veränderungen der Mikrostruktur der Federn an. Das ist in diesem Fall vermutlich ebenfalls traumabedingt, kann aber auch durch zu häufiges Streicheln entstehen.

Sowohl innerartliche Auseinandersetzungen als auch ungenügend gesicherte Einrichtungsgegenstände und Spielsachen können zu erheblichen Verletzungen führen. Ein derartiger Riss im Oberschnabel braucht viel Pflege und Zeit.

Besonders hervorzuheben ist hier aber vielleicht noch die Infektion mit Bornaviren. Diese Erreger sind seit einigen Jahren als Auslöser der neuropathischen Drüsenmagendilatation nachgewiesen, die erhebliche Verdauungsstörungen bis hin zum Verhungern nach sich ziehen kann. Diese Erweiterung des Drüsenmagens tritt selbstverständlich auch beim Edelpapagei auf – auch wenn sie aufgrund des grundsätzlich größeren Drüsenmagens erstaunlichlicherweise etwas später nachweisbar ist. Beim Edelpapagei scheinen aber die neurologischen Komponenten der Infektion im Vordergrund zu stehen. Zehenzittern und Flügelschlagen finden sich in der älteren Literatur als eigenständige, noch ungeklärte Symptome beim Edelpapagei. Heute wissen wir, dass sie Symptome dieser Virusinfektion sind. Wie bereits oben beschrieben, ist das Gefieder der Edelpapageien etwas anfälliger als bei anderen Arten, so dass es kaum verwunderlich ist, dass die Befiederungsstörungen, die durch eine Bornavirusinfektion ausgelöst werden, auch bei Edelpapageien am deutlichsten ausgeprägt sind.

In der amerikanischen Literatur finden sich vermehrt Hinweise auf Zeheneinschnürungen bei Edelpapageienküken. Ein Phänomen, das vermehrt in den USA aufzutreten scheint. Daher ist eher anzunehmen, dass es sich um keine typische Erkrankung der Tierart zu handeln scheint. Vielmehr werden genetische Faktoren in der USA-Population diskutiert. Aber auch andere Faktoren, wie ungeeignetes Nistmaterial und Wachstumsstörungen, scheinen eine Rolle zu spielen. In Europa ist das Phänomen von sehr geringer Bedeutung.

5.5 Praxisbeispiele

Zu dem Zeitpunkt, an dem ich dieses Buch schreibe, blicke ich auf 23 Jahre Sittich- und Papageienhaltung zurück. Ein Zeitraum, in dem ich zu großen Teilen vom Fachwissen unseres vogelkundigen Tierarztes nur selten Gebrauch machen musste – Gott sei Dank. Drei Vorfälle sind mir besonders in Erinnerung geblieben.

5.5.1 Federrupfen

In den Jahren mit Ihren Edelpapageien werden Sie mit diesem Thema konfrontiert werden. Vielleicht werden Sie diese Erfahrung auch mit einem Ihrer Schützlinge selbst durchleben. Bei Ihrer Recherche werden Sie eins feststellen: die unfassbare Komplexität. Sie werden keine Antwort auf das „warum“ finden.

Wir haben unsere ersten Edelpapageien, Lucky und Luna, aus dem Tierheim. Über deren Vorgeschichte ist, außer wenig Gutes, nichts bekannt. In einer kalten Winternacht wurden sie vor dem Tierheim in einem Pappkarton ausgesetzt. Bereits beim ersten Besuch meiner beiden Lieblinge fiel auf, dass Luna sich rupft. Als „Rupfen“ bezeichnet man die übermäßige Gefiederpflege, welche zur Zerstörung des Gefieders und/oder dem Abbeißen von Federn führt. Das Rupfen kann sich auf einzelne Körperbereiche beschränken oder über alle mit dem Schnabel erreichbaren Stellen erstrecken.

Meist spielt hier das sensible Wesen der Edelpapageien eine maßgebende, ursächliche Rolle für dieses Krankheitsbild. Das Rupfen ist wie ein Tick oder eine Sucht. Ähnlich wie bei einem Menschen, der an den Fingernägeln kaut, oder einem Raucher. Beide wissen, dass

Luna kurz nach ihrem Einzug bei uns. Das Kleingefieder ist deutlich erkennbar gerupft.

dieses Verhalten schädlich bzw. schlecht für sie ist, machen es aber dennoch.

Als wir unsere beiden Edelpapageien übernahmen, steckte ich mir als Ziel, das Rupfen unserer Luna aktiv anzugehen. Die Ursache dafür konnte ich nicht bekämpfen, schließlich kam sie mit diesem Tick bereits ins Tierheim, in dem sie bis zur Adoption durch uns neun Monate verbracht hatte. Ich habe Luna zwar oft gefragt, warum sie das macht und wie ich ihr helfen kann, jedoch hüllte sich die rote Schönheit in Schweigen.

Da ich medizinische Hintergründe ausschließen konnte, blieb nur die Psyche. Hier den richtigen Ansatz zu finden, gleicht der Suche nach der Nadel im Heuhaufen. Rückwirkend betrachtet kann ich Ihnen sagen: Ich habe die Nadel gefunden, aber in welchem Heuhaufen sie war, weiß ich nicht.

Da unsere Edelpapageien von Anfang an ihr eigenes Zimmer hatten, konnte ich dieses jederzeit problemlos umgestalten und klimatische Bedingungen regulieren, ohne in unsere Lebensqualität eingreifen zu müssen. Zuerst regulierte ich die Luftfeuchtigkeit. Jede Kalenderwoche ließ ich diese um 5 % steigen und beobachtete ihr Verhalten penibel. Ebenfalls veränderte ich die Tages- und Nachtrhythmen hin zu längeren Ruhezeiten. Ich notierte die Verläufe und meine Beobachtungen. Nach wenigen Wochen stellte ich jedoch ernüchtert fest, dass meine Aufzeichnungen wenig aussagekräftig sind. Die gelieferten Ergebnisse deuteten auf keinen Trend hin. Ich führte dies einige Monate fort bis zu dem Zeitpunkt, als ich begann, die Außenvoliere für die beiden zu bauen.

Bereits kurz vor Fertigstellung des Außengeheges stellte ich freudig fest, dass neu wachsende Federn an Ort und Stelle belassen werden. Den tatsächlichen Durchbruch erreichten wir mit dem Umzug in die Außenvoliere. Ab diesem Zeitpunkt wurde der positive Trend durch den Einfluss der Reize von Wind, Sonne, Regen und durch die dazugehörigen Geräusche unterstützt.

Heute zupft sich Luna nur noch am Bauch, wenn sie in Brutstimmung ist. Das ist für Edelpapageien ein oft beobachtetes Verhalten. Sie haben ein sehr straffes Deckgefieder, welches teilweise abgezupft wird, damit die gelegten Eier direkt an die Daunenfedern gelangen und somit besser gewärmt werden. Im Fachjargon nennt man das „Brutfleck“.

Ich würde Ihnen zu gern verraten, woran es nun gelegen hat. War es die Luftfeuchte? Oder der längere Schlaf? Vielleicht waren es etliche Kilogramm Kork, welchen sie so liebt. Vielleicht war es die Futterumstellung. Es könnte aber auch einfach nur sein, dass es die Zuneigung und Geborgenheit war, die ich stets versuchte zu vermitteln. Maßgeblich war die Außenvoliere, die das alles unterstützte. Der Weg weg vom Rupfen begann aber schon im Papageienzimmer.

Oft habe ich sie angeschaut und gefragt, doch ihr Schweigen bleibt bis heute ungebrochen.

Im Bereich des Halses wachsen neue Federn.

Einige Wochen später ist das Kleingefieder fast vollständig nachgewachsen.

Voller Erfolg! Nach vielen Wochen ist das Gefieder lückenlos und wunderschön.

Ich kann mir vorstellen, Sie sind nun enttäuscht. Vielleicht weil Sie selbst einen Rupfer haben und dachten, Sie lesen nun einen Tipp, der Garant dafür ist, das Verhalten zu unterbinden. Leider ist das nicht so. Am Ende war es vielleicht nur einer der oben erwähnten Faktoren, eine Kombination daraus oder gar keiner. Auch wenn ich keinen Masterplan für Sie habe, möchte ich Sie mit meinen beispielhaften Ansätzen ermutigen. Wie Sie gelesen haben, habe ich nichts Komplexes unternommen.

Selbst wenn Ihr Vogel das Rupfen nicht lässt, möchte ich Ihnen mitgeben: schämen Sie sich nicht. Oft werden Haltern schlechte Bedingungen in Sachen Unterbringung und Futter unterstellt. Ich kann Ihnen versprechen, ich kenne Vögel mit hervorragenden Anlagen, die aussehen wie nackte Gummihühner.

Letztlich, so glaube ich, war die Außenvoliere der Schlüssel zum Erfolg. Kombiniert mit Hingabe und Liebe, welche durch Zeit und Geduld das Erlittene vergessen macht – und damit auch das Rupfen.

5.5.2 Zinkvergiftung

Im Laufe unserer Edelpapageienhaltung, stieß ein weiteres Männchen zu uns. Bilbo zog bei uns mit einer chronisch verlaufenden Zinkvergiftung ein. Diese hatte er sich bei seinem vorherigen Halter zugezogen. Aufgrund von Unwissenheit wurde auf den falschen Käfig und auf Asthalter, Ketten und Karabiner in verzinkter Ausführung (statt Edelstahl) gesetzt.

Bilbo hatte bei seinem Einzug bei uns deutliche Anzeichen dieser Vergiftung. Diese waren:

- Störungen des Gleichgewichts
- Gefiederstörungen

Der kleine Kerl war gänzlich flugunfähig. Nicht eine einzige intakte Schwungfeder brachte er in sein neues Zuhause mit. Das übrige Gefieder war weitestgehend zerstört. Die Diagnostik einer Zinkvergiftung erfolgt über eine Blutabnahme. Dieses wird in einem Labor auf Schwermetalle untersucht. Die Behandlung erfolgt ausschließlich stationär.

Dem betroffenen Papagei müssen täglich Medikamente und Infusionen verabreicht werden. Die Behandlung dauert in der Regel eine Woche. Am Ende der Therapie wird erneut Blut abgenommen und labortechnisch untersucht. In den meisten Fällen reicht eine Behandlungswoche aus, um das Schwermetall im Organismus zu binden und auszuscheiden. Sollten sich die Zinkwerte nicht normalisieren, wird die Behandlung wiederholt.

In unserem Fall brachte die erste Behandlungswoche den gewünschten Erfolg. Das Gefieder von Bilbo hat sich im Zuge der ersten und zweiten Mauser nach der Behandlung vollständig erholt. Wie Sie auf den Bildern sehen können, sind die Unterschiede gravierend. Dank Flugtraining und dem damit verbundenen Aufbau der Muskulatur ist er wieder ein begnadeter Flieger. Einen detaillierten Bericht finden Sie im Kapitel 7.

Lucky (links) und Bilbo (rechts) im direkten Vergleich. Die Zerstörung des Gefieders bei Bilbo ist enorm.

*Die Spannung steigt auf dem Weg zum Tierarzt.
Endlich beginnt die notwendige Entgiftung.*

*Bilbos Gefieder ist, nach wenigen Monaten,
vollständig wiederhergestellt.*

5.5.3 Toe-Tapping

Hinter dieser Begrifflichkeit versteckt sich ein Krankheitsbild, das besonders häufig bei Edelpapageien zu beobachten ist. Doch was verbirgt sich dahinter? Toe-Tapping ist, aus menschlicher Wahrnehmung heraus, als ein Tick zu beschreiben. Bei diesem öffnet und schließt der Edelpapagei die Zehenglieder häufig hintereinander (toe = englisch für Zehe). Vereinfacht lässt es sich als vermeintlich nervöses Zucken mit den Füßen beschreiben. Sicht- und hörbar ist das Toe-Tapping besonders bei Ruhephasen. Nehmen Sie dies bitte nicht auf die leichte Schulter. Neben einfach therapierbaren Ursachen wie z.B. einer leicht verletzten Kralle, können diesem Krankheitsbild auch folgende Dinge zu Grunde liegen:

- Störungen des Nervensystems
- Überversorgung von Vitaminen
- Calciummangel
- Organschäden (Leber und Niere)

In den meisten Fällen ist die Ursache ein Calciummangel, welchen Sie jedoch durch eine artgerechte Fütterung (wie in Kapitel 4 beschrieben) und einige Sofortmaßnahmen schnell in den Griff kriegen.

1. Rufen Sie Ihren vogelkundigen Tierarzt an und vereinbaren Sie einen Termin.

2. Verzichten Sie beim Füttern auf Vitaminpräparate und Bananen, reduzieren Sie zudem zuckerhaltiges Obst.

3. Erhöhen Sie bei der Futtergabe die Menge an Karotten und Brokkoli. Geben Sie Karottensaft in das Trinkwasser. Beide Gemüsesorten sind Vorboten von Calcium. Greifen Sie bei der Auswahl des Safts bitte zu Bio-Qualität. Zudem sollte es ein Alleinsaft (ohne andere Bestandteile) sein. Solch einen Saft finden Sie in Supermärkten im Bereich der Babynahrung.

4. Bieten Sie vermehrt Vogelgrit oder Mineralsteine an.

Häufig ist das Toe-Tapping in der Brutzeit zu beobachten, wenn das Männchen intensiv das Weibchen versorgt. Im deutschsprachigen Raum ist es wenig bekannt und verbreitet. In den Vereinigten Staaten von Amerika ist dieser Vorgang deutlich öfter beschrieben. Hierzu sei erwähnt, dass in dieser Region die Fütterung von Pellets deutlich mehr Anwendung findet, als in europäischen Gebieten (in Bezug auf Edelpapageien). Somit schließt sich hier der Kreis, weshalb ich in Kapitel 4 von einer Pelletfütterung abrate. Ist das Toe-Tapping auf einen Calciummangel zurückzuführen, haben Sie mit dem von mir beschriebenen Vorgehen gute Chancen, diesen schnell und einfach zu beheben. Meine Ausführung ersetzt nicht den Gang zum Tierarzt. Wie Sie gelesen haben, gibt es auch andere Ursachen, die eine Therapierung durch einen Spezialisten notwendig machen.

Zur Erinnerung: Trauen Sie sich keine Notfallversorgung zu, ist das nicht schlimm – Ihr Tierarzt übernimmt das gern für Sie.

6. Wesen & Charakter

Haben Sie mal Halter gefragt: „Wie sind denn Ihre Edelpapageien so?“ Wenn ja, haben Sie bestimmt als Antwort bekommen: „Es sind die liebsten Tiere überhaupt.” Eine Lüge ist das nicht – aber oft nur die halbe Wahrheit.

Edelpapageien sind nicht nur liebenswert, sondern dickköpfig, stur und eigenwillig. Genau dafür liebe ich sie.

6.1 Paarbeziehung

Wenn Sie die Wörter „Papageien“ und „Paarbeziehung“ hören, kann ich mir vorstellen, wie Ihr Kopf bereits beginnt, Bilder zu malen. Bilder von Ihren Edelpapageien, die bald einziehen oder schon eingezogen sind, wie sie schmusend auf einem Ast sitzen. Diese Vorstellung wird selten zur Realität. Innige, gegenseitige Gefiederpflege und partnerschaftliches Kraulen werden Sie, aller Wahrscheinlichkeit nach, nicht zu Gesicht bekommen.

Lucky beim Anflugtraining

Lucky füttert Luna

Im Laufe der Jahre haben sich viele Neulinge im Bereich der Edelpapageienhaltung an mich gewandt und gefragt: „Harmonieren meine beiden Federlinge nicht?" Doch, in der Regel tun sie das. Eingangs, im ersten Kapitel, erwähnte ich, dass Edelpapageien keine sonderlich enge Bindung untereinander pflegen. Von Monogamie halten diese Schönheiten nicht viel. Die Fixierung auf ein Partnertier, wie es in der Welt der Papageien üblich ist, trifft auf Edelpapageien nicht zu. Im Freiland ist es üblich, dass während der Brutdauer ein Weibchen von mehreren Männchen versorgt wird.

Sie haben nun gelesen, dass Edelpapageien keine monogamen Tiere sind. Die Vielehe entspricht ihrem natürlichen Verhaltensmuster. In Wechselwirkung steht dies mit der Aufrechterhaltung des Gesundheitszustands während der Versorgung des Weibchens, wie Sie im Gastbeitrag von Herrn Kempf erfahren haben. Das unterstreicht meine Empfehlung zur Haltung einer kleinen Gruppe. Diese besteht aus einem Weibchen und mindestens zwei Männchen.

Was bedeutet das für Sie als (werdenden) Halter? Bleiben Schmuse- und Krauleinheiten aus, ist das kein Grund zur Sorge oder Annahme, dass eine Disharmonie vorliegt. Für manch begeisterten Vogelhalter klingt das befremdlich oder ungewöhnlich, für Edelpapageien ist es schlicht natürliches Verhalten.

An sich bin ich kein Freund von Sprichwörtern, jedoch trifft „Ausnahmen bestätigen die Regel" hier zu. Ein Beispiel hierfür habe ich selbst in meiner Obhut. Lucky und Luna sind eine wunderbare Einheit, die fest aufeinander aufbaut. Sobald einer der beiden nicht in Hör- und Sichtweite des Anderen ist, spüre und höre ich die Unruhe. Ausführlich habe ich dieses Verhalten im WP-Magazin beschrieben. Den Artikel finden Sie im Kapitel 7 unter „Lucky und Luna – auf Umwegen zum Glück".

6.2 Beziehung zum Menschen

Entgegen der Partnerwahl unter ihresgleichen sind Edelpapageien bei der Wahl „ihres“ Menschen äußerst wählerisch. Ein Faktum, das es bereits vor der Anschaffung eines Pärchens zu beachten gilt. Unsere Schönheiten aus Neuguinea pflegen eine enge Bindung zu ihrer Bezugsperson – und nur zu dieser. Andere Menschen sind meist nicht viel mehr als geduldet. Was auf das erste Lesen sehr putzig klingt, kann in verschiedenen Situationen ein Problem werden.

Luckys Vertrauen in mich ist nahezu grenzenlos. Eine Geste, die ich sehr genieße.

Man selbst, der Partner/die Partnerin oder das Kind haben Geburtstag – oder einfach einen Freund zu Gast. Kaum vorstellbar, aber auch Besucher können eine Gefahrenquelle sein. Selbst der eigene Lebenspartner oder die Lebenspartnerin kann den alltäglichen Umgang mit Edelpapageien schwieriger gestalten als man dachte, weil diese/r nicht akzeptiert wird. Eifersucht ist bei Edelpapageien ein großer Motivator, vom Beobachter zum Akteur zu werden. Schnelle, flache Flüge über den Kopf der störenden Person sind keine Seltenheit. Auch das aktive Drohen in Form von aufgestelltem Gefieder sollten Sie ernst nehmen und die angespannte Situation besonnen auflösen. Das wichtigste Instrument hierfür, haben Sie in die Wiege gelegt bekommen: Ihre Stimme.

Ähnlich wie ein Schlangenbeschwörer, der die Kobra aus dem Korb tanzen lässt, können Sie mit Ihrer Stimmlage das Verhalten Ihrer Edelpapageien beeinflussen. Die passende Körpersprache rundet das Paket ab, das Sie benötigen, um nahezu jede Stresssituation beenden zu können. Reden Sie ruhig und langsam mit Ihrem aufgebrachten Schützling. Zudem gilt es darauf zu achten, sich nicht „aufzubäumen“. Mein Tipp: Tief durchatmen und eine entspannte, lockere Körperhaltung einnehmen.

Lucky ist sichtlich genervt. Deutlich zu erkennen ist das an der Form der Augen, sowie der Körperhaltung.

Leben Ihre Schützlinge in einer Voliere in einem Raum, der auch von Menschen bewohnt wird, ist die vermeintlich logische Konsequenz, diese für die Dauer des Besuchs in der Voliere einzusperren. Handelt es sich bei den Eifersuchtsszenen um den Partner oder die Partnerin, werden die Freiflugstunden rapide gekürzt. Diese Form der „Bestrafung" verstehen Edelpapageien aber nicht. Für unsere Schützlinge ist jede Form der Aufmerksamkeit ein Verstärker ihres Verhaltens. Papageien sind nicht in der Lage zwischen Lob und Tadel zu unterscheiden.

Nun ist das permanente Einsperren Ihrer lieb gewonnenen Edelpapageien definitiv kein Dauerzustand. Und keine Sorge: Sie müssen keine Entscheidung zwischen Partner oder Papagei treffen. Seien Sie sich im Klaren, dass andere Menschen niemals den gleichen Stand für Ihre Vögel haben werden wie Sie, als deren Bezugsperson.

Ich habe mich zeitweise stark zurückgezogen und über einen längeren Zeitraum das Füttern, Reinigen und tägliche Interagieren meiner besseren Hälfte überlassen. Dieses Vorgehen erfordert Geduld, Mut und Zuversicht – wird am Ende jedoch die Früchte des Erfolgs tragen. Bei uns dauerte dieser Vorgang circa vier Wochen, bis sich eine erste Besserung einstellte.

Nun ist Erfolg relativ. Auch wenn meine Freundin die Voliere oder den Schutzraum mit mir gemeinsam betreten kann, eine Umarmung oder einen Kuss: das wird von einem unserer Männchen nicht geduldet.

Stellen Sie sich vor, meine Freundin und ich stehen nebeneinander. Lucky würde sofort kommen und sich auf die Schulterseite setzen, die meiner Partnerin zugewandt ist. Wechsle ich die Seite, läuft er über meinen Nacken zur anderen Schulter, damit er immer ‚zwischen' mir und meiner Freundin ist – Dank Training jedoch ohne zu drohen oder zu attackieren.

Besonders hervorheben möchte ich das Einfühlungsvermögen von Edelpapageien. Lucky und ich pflegen eine äußerst tiefe Bindung, die zum gegenseitigen Verständnis keinerlei Worte bedarf. Ich schaue in seine Augen und weiß, wie er sich fühlt und wie seine Stimmungslage ist. Umgekehrt funktioniert das genauso. Seit er bei uns lebt, konnte ich mehrfach feststellen, wie sein Umgang mit mir in Abhängigkeit zu meiner Gemütslage variiert.

Aus der Praxis
Lucky kann mich bereits sehen, wenn ich auf das Grundstück fahre. In dem Moment, in dem er mein Auto sieht, macht sich eines in ihm breit: Euphorie. Bis ich die Voliere betrete, hüpft er von Ast zu Ast oder läuft auf und ab. Sobald ich den Schleusenbereich verlassen habe, werde ich zum menschlichen Kletterbaum.

Eines Abends war ich jedoch richtig schlecht gelaunt. Was ist passiert? Mit dem nagelneuen Geschäftswagen habe ich beim Ausparken einen Betonpoller übersehen. Das Ergebnis war eine zerkratzte Tür, ein zerdrückter Schweller und diverse Lackschäden. Ich denke, Sie können sich bestens vorstellen, wie meine Stimmungslage am Abend war. Ungeachtet dessen müssen unsere Papageien versorgt werden. Ich ging wie jeden Nachmittag in die Voliere und erwartete schon Lucky, der freudig erregt auf mir umhertanzen möchte.

Doch es kam ganz anders: Lucky schaute mich an und verharrte einige Sekunden regungslos, bis er letztlich behutsam zu mir geklettert kam. Mit übertriebener Vorsicht kletterte er meinen Arm hinauf, setzte sich ganz nah an mein Gesicht und lehnte seinen Kopf gegen meine Wange. Edelpapageien saugen unsere Emotionen und Gefühle auf wie ein Schwamm. Ich möchte Sie dahingehend sensibilisieren, denn der von mir beschriebene Aufmunterungsversuch kann auch gegenteilige Wirkungen haben.

Bei uns allen gibt es Tage, da läuft es einfach schlecht. Das beginnt mit dem verschütteten Morgenkaffee, dem Stau auf dem Weg zur Arbeit, Ärger mit den Kollegen und endet damit, dass man heimkommt und die Edelpapageien das Tischdeckchen der Mutter gelocht haben. Lautstark tun Sie Ihren Unmut kund, während Sie das Chaos beseitigen.

Eine Situation, in der sich auch die Gemüter Ihrer Edelpapageien hochschaukeln können. Sie als Halter sind gestresst und wollen den Tag beenden. Ihre Lieblinge hingegen haben andere Pläne. In solch angespannten Momenten ist das Fehlinterpretieren von Verhaltensweisen durch uns Halter nicht weit; der Biss, als letzte Konsequenz, ebenfalls nicht.

Mein Tipp: Bevor Sie falsch reagieren, reagieren Sie gar nicht. Ziehen Sie sich aus der Situation zurück und kommen etwas zur Ruhe. Sie übertragen durch Ihre Ausstrahlung Ihr Verhalten nahezu eins zu eins auf das Ihrer Edelpapageien.

Fazit

Ich möchte nicht, dass meine Zeilen als Dogma verstanden werden. Sie haben gelernt, dass unsere Schützlinge aus dem indonesischen Inselraum hochintelligente, sensible und charakterstarke Individuen sind. In anderen Artikeln, Büchern und Beiträgen lesen Sie in Bezug auf Papageien nahezu immer von „einzigartigen Lebewesen“. Diese wunderbaren Geschöpfe so zu beschreiben ist absolut richtig, umso mehr haben sie es verdient, dass wir sie so betrachten: ganz individuell.

7 Praxisberichte & Erlebnisse

7.1 Lucky und Luna – Auf Umwegen zum Glück

„Lucky“ und „Luna“, zwei Neuguinea-Edelpapageien, warteten im Februar 2019 im Tierheim München auf ihr weiteres Schicksal. Inzwischen sind wir mit ihnen zu Großpapageienhaltern geworden. Dafür mussten Rechtswege beschritten werden, Umbauten waren daheim erforderlich und das Einleben war aufregend. Unser Alltag hat sich mit den beiden gefiederten Persönlichkeiten an meiner Seite grundlegend geändert.

Lucky und Luna

Die Umstände, unter denen die beiden Edelpapageien im Tierheim gelandet sind, lassen jedem Vogelliebhaber das Mark in den Knochen erschüttern. Bekannt über die Vorgeschichte von Lucky und Luna ist nur, dass sie zum Zeitpunkt ihrer Adoption durch uns circa drei Jahre alt waren. Natürlich hatten sie keine erforderlichen Papiere. Durch einige Besitzerwechsel und das anonyme Aussetzen vor dem Tierheim sind diese verloren gegangen. Dabei sind es wichtige Dokumente, da es sich bei den beiden Vögeln nach dem Washingtoner Artenschutzabkommen um geschützte Tiere handelt.

Unbekanntes Vorleben

Das Tierheim informierte uns darüber, dass sie definitiv aus keiner artgerechten Haltung kämen. Nachdem das Vorgespräch mit dem Pfleger sehr positiv verlaufen und der Bewerbungsbogen ausgefüllt war, sowie sich das Tierheim mit einer Inobhutnahme durch uns einverstanden erklärt hatte, stand die erste große Hürde an: der Rechtsweg.

Sämtliche Tiere, die in dem vorgenannten Abkommen gelistet sind, müssen bei der zuständigen Naturschutzbehörde beziehungsweise dem zuständigen Landratsamt gemeldet werden. Sie benötigen mindestens einen Herkunftsnachweis. Wer unter Artenschutz stehende Papageien aufnimmt, ohne entsprechende Papiere vorzulegen, macht sich strafbar. Das ist kein günstiges Vergnügen. Nach den ersten Telefonaten mit dem Landratsamt kehrte bei uns ein wenig Ernüchterung ein. Es gingen daraufhin Wochen ins Land. Rückblickend betrachtet weiß ich nicht, woher wir den

Optimismus genommen haben, denn wir begannen seinerzeit dennoch ein Zimmer zu entkernen und zu renovieren.

Fünf Wochen Bangen und Hoffen

Von der Antragstellung an hörten wir fünf Wochen lang nichts vom Amt. Es gab nur kurze Telefonate mit der Sachbearbeiterin, die jedoch wenig Aussicht auf Erfolg bei der Adoption einräumte. Die Hoffnung sank in unseren Herzen, aber dann klingelte eines nachmittags das Telefon – es war der erlösende Anruf: Lucky und Luna durften offiziell bei uns einziehen.

Ein Gefühlswirrwarr machte sich in mir breit. Es war ein Gefühl, das ich bis heute nicht wirklich beschreiben kann. Nach Beendigung des Gesprächs mit der Sachbearbeiterin habe ich sofort im Tierheim angerufen. Die Pfleger jubelten im Hintergrund. Und danach ging alles ganz schnell. Schon am nächsten Tag sind wir nach München gefahren und haben die beiden Schützlinge in unsere Obhut übernommen.

Eröffnung des Freiflugzimmers

Das renovierte Zimmer war zum Glück mittlerweile fertig. 7 m x 4 m wurden für die Vögel eingerichtet. Kleiner Ausblick: Wir wussten damals schon, dass es nur eine Bleibe auf Zeit sein würde. Denn im Sommer sollten die beiden eine großzügige Außenvoliere mit Schutzhaus bekommen, so lautete der Plan. Die Mindestmaße für eine Zimmervoliere zur Unterbringung von Vögeln aus dieser Papageienart betragen in unserem Landkreis 2 m x 1 m x 2 m. Das erscheint im ersten Moment groß.

Lucky wachsam

Aber die Flügelspannweiten sind beachtlich und das Bewegungsbedürfnis im Alltag ist es auch. Das Zimmer wurde ausschließlich mit Ästen aus dem Wald bestückt. Unbedenkliche Holzsorten, die benagt werden können, haben wir zuvor gesammelt. Es wurden Seile gespannt und natürlich diverses Spielzeug zum Schreddern besorgt. Neuer Laminatboden und Einstreu fanden ebenfalls ihren Platz. Außerdem haben wir für die passende Beleuchtung (BirdLamps) und die angemessene Luftfeuchtigkeit gesorgt.

Diese Aufzählung soll beispielhaft aufzeigen, an wie viel gedacht werden muss, wenn Papageien einziehen. Nebenher möchte ich auch darauf hinweisen: Tierheime oder Tierschutzvereine machen Vorkontrollen, bei denen sie prüfen, wie Edelpapageien (und Vögel anderer schützenswerter beziehungsweise bedrohter Arten) untergebracht werden. Ich hielt die Stellen aktiv auf dem Laufenden und habe sie zudem zu einer Nachkontrolle empfangen.

Einzug und Einleben: gar nicht so einfach

Da waren sie nun und kletterten langsam sowie skeptisch aus ihren Transportboxen. Luna, dem Weibchen, fiel der Umzug sichtlich schwer. Die Edeldame war sowieso von den ersten Lebensjahren gezeichnet. Sie zeigte in der Eingewöhnungsphase ihren Unmut und jede psychische Belastung durch Rupfen des Gefieders und Beißen, was sie zuvor bereits getan hatte. Doch darauf wurden wir vom Tierheim vorbereitet und wir ließen uns nicht davon abschrecken. Unser Ziel war es, den beiden Vögeln ein möglichst artgerechtes Leben in unserer Obhut zu bieten. Für mich war es ebenfalls eine sehr aufregende und ereignisreiche Eingewöhnungsphase. Es waren natürlich nicht meine ersten Vögel. Im Gegenteil, über 20 Jahre Haltererfahrung bilden den persönlichen Erfahrungsschatz. Und doch war so viel neu und anders.

Duschen ist ein Muss

Wir haben zum Beispiel extra einen neuen Springbrunnen zum Duschen installiert, der jedoch nie genutzt wurde. Es gehört eben dazu, dass Dinge nicht angenommen werden. Dafür duschen sie umso lieber mit Hilfe einer Pumpsprühflasche. So werden in kürzester Zeit zwei Liter Wasser verbraucht. Die Gefiederpflege ist bei Edelpapageien sehr wichtig. Im Gegensatz zu einigen anderen Papageienarten produzieren sie keinen Federstaub, sondern ölen ihr Gefieder. Werden sie länger nicht geduscht, verfettet und verklebt ihr Federkleid. Dadurch wirkt es im schlimmsten Fall ungesund und ungepflegt.

Jeden Tag Frischkost

Von heute auf morgen klingelte der Wecker nach dem Einzug der beiden Vögel früher, denn Edelpapageien wollen mit ausreichend und qualitativ hochwertiger Frischkost versorgt werden. Sie sind vorwiegend Weichfresser und ernähren sich fast ausschließlich von Obst und Gemüse. Ganz oben auf der Liste stehen bei meinen Vögeln Beeren und Trauben sowie Kernobst, Mango und Melone, Paprika, Chili und Karotten. Am Abend sollte der Obstanteil geringer sein als der des Gemüses. So vermeidet man, dass der am Abend aufgenommene Fruchtzucker „ansetzt".

Lucky in voller Pracht (und nach einer Dusche) – eine Glanzleistung der Natur

Das Wohl der Schützlinge geht vor

Trips über ein Wochenende sind nur noch nach sorgfältiger Planung und dem Einsatz einer Betreuungsvertretung möglich. Dasselbe gilt für Urlaubsreisen. Mit der Aufnahme von Papageien jeder Art muss man auch lernen, zu verzichten.

Einstieg ins Clickertraining

Zeitnah nach der ersten Eingewöhnungsphase, habe ich mit dem Clickertraining begonnen. Nicht nur um für Beschäftigung zu sorgen, sondern auch, um Vertrauen aufzubauen. Zudem sollte das teilweise aggressive Verhalten von Luna entkräftet werden.

Mit Geduld und Hingabe zeigten sich schnell kleine Fortschritte. Zu meiner Freude waren diese von Dauer. Was Luna einmal erlernt hatte, behielt sie. Heute, nach Monaten, sind wir ein gut eingespieltes Team. Zwischen Lucky und mir stimmte die Chemie übrigens von Beginn an. Bereits im Tierheim ernteten wir beim Umgang miteinander verwunderte Blicke der Pfleger. Mittlerweile schläft Lucky tief und fest auf mir, wenn ich zum Abend auf der Couch liege. Dies ist ein Vertrauensbeweis, den ich mit Dank aufnehme. Das Einleben eines Edelpapageis muss also nicht zwingend kritisch verlaufen, wie es beim Weibchen Luna war. Die Vermittlung dieser Erfahrung ist mir ebenfalls wichtig.

Polygamisten mit Nähebedürfnis

Edelpapageien leben in der Natur polygam. Sie pflegen im Normalfall kein inniges Verhältnis zueinander, auch wenn sie „fest" verpaart sind. Körperliche Nähe wird eher selten gesucht. Wild lebende Edelpapageien verbringen den Tag gemeinsam. Dabei wird jedoch typischerweise eine grundlegende Distanz gewahrt. Diese wird durch das Weibchen durchgesetzt. Sie nimmt die dominante Rolle in einer Partnerschaft ein.

Darüber war ich aus der Fachliteratur informiert. Nun haben wir es aber bei Edelpapageien mit kleinen Persönlichkeiten zu tun, deren Verhalten durchaus mal von der Lehrmeinung abweichen kann: Lucky und Luna führen eine sehr untypische Edelpapageien-Beziehung. Sie drückt sich in einer innigen und liebenswerten Art aus. Ein tägliches friedliches und harmonisches Miteinander überwiegt. Es wird dicht an dicht geschlafen.

Mein Fazit dazu: Wir sollten als Halter über diese natürlichen Lebensweisen informiert sein und sie beim Auftreten ganz selbstverständlich respektieren. Allerdings kann es zu Abweichungen kommen. In meinem Fall interpretiere ich diese als Folge des Vorlebens in schlechter Haltung mit vielen Unsicherheitsphasen.

Eine Bindung auf Jahrzehnte

Mit der Aufnahme junger Großpapageien geht jeder Halter quasi eine Bindung fürs Leben ein. Edelpapageien werden im Idealfall 40 Jahre und älter. Sie sind mit dem Intellekt eines zwei- bis dreijährigen Kindes ausgestattet. Sie haben einen klaren Verstand und drücken täglich ihre Emotionen aus. Auch fordern sie von uns ein, dass wir dies tun.

Es ist eine Bindung, die auf einer tiefen emotionalen Ebene abläuft. Somit ist es häufig mehr als eine „Haltung", ich würde es als eine Integration in die eigene Familie beschreiben. Nicht nur durch Ruflaute, Schreie oder Körpersprache zeigen sie uns, was sie bewegt. Mit der Zeit kommt der „Blick in die Seele" des Vogels dazu. Ich sehe ihnen an, was sie bewegt, erkenne ihre Stimmungslage und kann entsprechend reagieren. Diese Ebene der Verbundenheit wünsche ich jedem Papageienhalter zum Wohle seiner Tiere.

7.2 Bilbo – Ein Held im Federkleid

Der Name ist Programm. Jeder, der die Filmreihe um den Hobbit kennt, verbindet den Namen ‚Bilbo' mit einem winzigen Menschen und vielen Haaren an den Füßen. Betrachtet man die Geschichte, erzählt sie von Hürden, die es zu überwinden gilt, von Abenteuern, die es zu bestreiten und zu erleben gibt. Sie erzählt aber auch von Rückschlägen, von Mut und Zuversicht, die daraus geschöpft wird. Aus Mut und Zuversicht entsteht ein schier unbändiger Wille, der den Abenteurer am Ende zu seinem Ziel und Glück führt. Auch wenn unser

Bilbo und Lucky im Portrait. Einer meiner schönsten Schnappschüsse.

Bilbo kein ‚Halbling' ist, sondern ein Neuguinea Edelpapagei (*Electus roratus polychloros*), so verbindet ihn so einiges mit seinem Namensgeber. Er musste so viel überstehen: Einsamkeit, Einleben, Zinkvergiftung und einen furchtbaren Abriss des Schnabels.

Der Beginn seiner Saga
Der Beginn von Bilbos Abenteuer verlief alles andere als optimal. Viel zu früh wurde er seinen Eltern und Geschwistern entrissen. Von einem Verkäufer, auf dessen Herkunftsbeleg der Werbeslogan „superzahme Papageienbabys" steht, wurde er an eine Familie verkauft. Mit nur wenigen Wochen musste Bilbo sich seiner ersten großen Hürde stellen: Dem Leben.

„Barfuß" laufen lernen
Wenn man als Kind von seinen Eltern und Geschwistern getrennt und allein gehalten wird, hat man als Papagei nicht viele Optionen. Im Grunde nur eine: man vermenschlicht. Anstatt zu lernen, ein stolzer Vertreter der *Eclectus*-Arten zu werden, stur und dickköpfig zu sein, imitiert(e) Bilbo menschliches Verhalten. Über die Halter von Bilbo, bei denen er lebte, bis er zu uns kam, möchte ich im Grunde nichts Negatives sagen. Mit besten Absichten umsorgten sie ihn liebevoll. Verwehrt geblieben ist ihm eine artgleiche Partnerin aber dennoch. Die isolierte Handaufzucht nahm die Frau des Hauses als Bezugsperson und Partnerin wahr. Vor allem aber gibt Bilbo sich selbst nicht als Edelpapagei. Statt mit den arttypischen Geräuschen prahlt Bilbo mit einem großen Wortschatz. Die markanten Ruflaute bleiben auch aus, dafür gibt es Karnevalsgesang.

Nicht allein, aber dennoch einsam
So kann man den Zustand beschreiben, in dem sich ein Papagei befindet, der nicht unter seinesgleichen lebt. Seinesgleichen bedeutet, das möchte ich betonen, nicht mit einem anderen Federling. Sondern mit einem Individuum der gleichen Art und im Idealfall anderen Geschlechts. Jungtiere sollten sechs, besser neun, Monate bei Ihren Eltern und Geschwistern bleiben. In den ersten sechs Monaten lernen sie nicht nur die Futteraufnahme, sondern das notwendige Sozial- und arttypische Verhalten. Sechs Monate dauert es mindestens, bis wir als Interessent einen Papagei übernehmen, der alles Wichtige von seinen Eltern gelernt hat. Sechs Monate, die entscheidend sind für ein Tier, das bei guter Pflege und gutem Allgemeinzustand bis zu 40 Jahre alt werden kann.

Interessieren Sie sich für einen jungen (Edel-)Papagei, lassen Sie sich bitte nicht verleiten, diese verfrüht zu kaufen. Schließlich wurden Sie auch nicht mit 3 Jahren auf die Welt losgelassen. Nahezu jeder durfte gut behütet im Elternhaus aufwachsen, durfte Erfahrungen sammeln und lernen, auf eigenen Beinen zu stehen. Dieses Recht haben auch unsere Papageien.

Auf, in unbekannte Lande
Durch familiäre Umstände musste Bilbo sein Zuhause, in dem er geliebt wurde, verlassen. Vermehrt wurde ich auf die Anzeige seines Halters aufmerksam gemacht. Meine Lebensgefährtin und ich überlegten einige Zeit, wägten für und wider ab. Am Platz scheiterten die ersten Gedanken nicht; bei unseren bereits vorhandenen

Edelpapageien schon eher. Denn, diese Art ist in einigen Belangen speziell - Lucky und Luna sind jedoch die Sonderlinge unter den Sonderlingen.

Eine Reise ohne Gefährten?

Im Grunde steht einer Haltung zu dritt, bestehend aus zwei Männchen und einem Weibchen, nichts im Wege. Edelpapageien sind Polyandristen. Im Freiland ist es üblich, dass ein Weibchen von mehreren Männchen umsorgt wird - und umgekehrt. Eine enge Bindung, wie man sie meist aus der Welt der Papageien kennt, pflegen diese Schönheiten nicht. Nun kommen aber Lucky und Luna und beweisen der Welt das Gegenteil. Es gibt nicht nur Lucky oder nur Luna. Nein, es gibt nur eine grün-rote Einheit. Eine Einheit, die aufeinander aufbaut, sich Halt gibt und stärkt. Ein Gebilde, weg von der allgemeinen Lehrmeinung.

Bilbo frisch geduscht

Sonderlinge unter sich

So wunderschön es ist, die beiden bei ihrem innigen Miteinander zu beobachten, war genau dies Anlass meines größten Zweifels. Bilbo, eine isolierte Handaufzucht, zu unserem Pärchen? Ich haderte lange mit mir, bis wir uns entschlossen, Bilbo bei uns aufzunehmen.

Das Abenteuer ist das Ziel

Nach dem einen oder anderen Telefonat mit dem Halter waren wir uns einig: Bilbo zieht bei uns ein. Lucky und Luna lebten in einem großzügigen Zimmer, Platz war also ausreichend vorhanden. Ich trennte das Zimmer ab, sodass sich Bilbo nach seinem Einzug erstmal in Ruhe an seine neue Umgebung gewöhnen konnte. Vor allem aber an das Leben mit Artgenossen.

Wir trafen uns mit dem Noch-Besitzer und nahmen Bilbo in Empfang. Der Abschied fiel sichtlich schwer. Doch bei aller Wehmut war klar, dass es unvermeidlich ist. Ein Schritt, für den ich größten Respekt habe. Die ersten Tage, die Bilbo im Zimmer mit Lucky und Luna verbrachte, möchte ich rückblickend als seltsam bezeichnen. Seltsam deshalb, weil er so gar nichts mit Artgenossen anfangen konnte. Das Verhalten meiner Edelpapageien warf sichtlich Fragezeichen bei ihm auf. Natürlich war mir bewusst, dass diese Vergesellschaftung ein Prozess sein wird, der viel Zeit in Anspruch nehmen wird. Womit ich jedoch nicht gerechnet hatte, war, bei Null anzufangen.

Zu dritt und doch zu zweit

Nach einigen Wochen sah ich den Zeitpunkt gekommen, Bilbo zu den anderen zu lassen. Ich habe mich in diesen Wochen enorm zurückgezogen. Meine Zeit mit den Edelpapageien beschränkte sich ausschließlich auf die Fütterung und Reinigung. Währenddessen habe ich versucht, möglichst wenig mit ihnen zu interagieren. Die ersten Stunden gemeinsam im Zimmer waren ziemlich chaotisch. Bilbo wusste natürlich so gar nicht, was er mit den Geräuschen und dem Verhalten von Lucky machen soll. Er saß eigentlich nur da und schaute verdutzt. Zumindest eins war es: friedlich. Lucky sah in ihm keine Bedrohung. Wie auch? Der kleine Bilbo ist nicht nur körperlich ein halber (Neuguinea) Edelpapagei, sondern auch mental. Hinzu kommt, dass Bilbo mit einer Zinkvergiftung bei uns eingezogen ist. Diese hatte er sich durch den großen Käfig eingefangen, in dem er vorher lebte.

Bilbo (rechts) mit Gefährte Lucky

Artfremd?

Auch wenn Bilbo bemüht war, in irgendeiner Art und Weise mit Lucky zu interagieren, so war doch ziemlich genau zu beobachten, dass keiner der beiden mit dem anderen etwas anfangen konnte. Mit sieben Jahren waren meine Eltern und ich in Griechenland im Urlaub. Dort lernte ich einen Jungen in meinem Alter kennen, der aus England stammte. Unterhalten konnten wir uns nicht, da wir nicht die gleiche Sprache sprachen, aber irgendwie hat es trotzdem funktioniert. So müssen sich die beiden grünen Schönheiten auch vorgekommen sein.

So, wie ich mich damals mit dem Jungen im Laufe des Urlaubs besser „verständigen" konnte, klappte die Kommunikation von Lucky und Bilbo immer besser. Der kleine Halbling schlief sogar direkt neben Lucky und fühlte sich sichtlich wohl.

Freud und Leid

Die ersten wenigen Monate waren geschafft. Bilbo machte deutliche Fortschritte und wurde von Lucky weitgehend akzeptiert. Lediglich auf meiner Schulter sitzen führte zu Eifersucht bei ihm, denn zu Lucky pflege ich eine äußerst intensive, vertraute Bindung – die er nicht teilen möchte.

Der Frühling stand vor der Tür und somit der Umzug ins Schutzhaus. Aufgrund unseres Umzugs stand zwar noch kein Freiflugbereich, doch ein kleines Nebengebäude mit 18 qm Fläche erwies sich hervorragend geeignet als Schutzhaus und für den späteren Anbau der Voliere.

Lucky und Luna kannten durch uns die Außenhaltung bereits. Wie bei unserer ersten Außenvoliere vernahm ich deutlich mehr Lebensfreude und Aktivität. Eine Bestätigung für mich, dass die Haltung in einer Außenvoliere mit Schutzhaus die beste Option darstellt.
Auch Bilbo ließ sich von den Außenreizen (Wind, Regen, Geräusche...) mitreißen und fand sein neues Zuhause sichtlich spannend.

Dem Zink den Kampf ansagen

Nun sah ich den Zeitpunkt gekommen, die eingangs erwähnte und bereits tierärztlich festgestellte Behandlung gegen die Zinkvergiftung einzuleiten. In Punkto medizinischer Beratung/Behandlung setzen wir auf die Exotenpraxis Augsburg, welche auf die medizinische Versorgung von Papageien spezialisiert ist. Dies ist sehr wichtig, um unseren Pfleglingen die bestmögliche Behandlung zukommen zu lassen. Bilbo musste sich eine Woche stationär in Behandlung begeben. In diesem Zeitraum bekam er täglich Infusionen, welche das Schwermetall in seinem Organismus binden und es ausscheiden helfen.

Am Ende der Behandlung wird nochmals Blut abgenommen und in einem Labor ausgewertet. Dies dient der Kontrolle der Wirksamkeit der Behandlung. Je nach Schwere der Vergiftung kann es sein, dass die stationäre Behandlung fortgesetzt werden muss.
Wir nahmen Bilbo nach der ersten Behandlungswoche mit nach Hause. Bereits nach kurzer Zeit vermutete ich, dass die Medikation angeschlagen haben muss. Bilbo wirkte munterer, aufgeschlossener – einfach fit-

ter und klarer. Und so war es auch. Ein paar Tage später kam der Anruf, dass die Zinkwerte absolut im Normalbereich liegen. Das war also geschafft!

Die Prüfung: Schnabel abgerissen

Wie auch Bilbo Beutlin im Film, musste sich unser Bilbo bereits vielen Prüfungen stellen. Erst die erzwungene Handaufzucht, dann die Einzelhaltung und die Zinkvergiftung. Doch sein Endkampf sollte noch nicht ausgetragen sein. Nach der erfolgreichen Behandlung strotzte Bilbo vor Energie, Lebensfreude – und Übermut. Eines Tages fuhr ich unsere Einfahrt entlang. Ich war noch gar nicht richtig zum Stehen gekommen, als meine Freundin mir entgegen rannte. Aufgelöst berichtete Sie von schrecklichen Schreien, Bilbo würde unten sitzen und es wäre alles voller Blut. Wir rannten zum Schutzhaus und da sah ich ihn sitzen. Blutig, schwer atmend und sichtlich geschockt saß er auf dem Boden.

Während ich meine Freundin bat, die Transportbox zu holen, rief ich in der Exotenpraxis an. Gleichzeitig holte ich Bilbo aus dem Schutzraum. Beim näheren Hinsehen wurde schnell klar: Der Unterschnabel ist abgerissen. So fuhren wir nach Augsburg und übergaben Bilbo den fähigsten Händen, die die vogelkundige Medizin hierzulande aufzuweisen hat.

Erinnerungen fürs Leben

Das war ein Abend, den ich Zeit meines Lebens nicht vergessen werde. Bis heute weiß ich nicht, warum und wie ich welche Handlung vollzogen und welche Entscheidungen ich getroffen habe. Erst in der Praxis

Der Unterschnabel fehlt

und bei der Aufnahme Bilbos durch Frau Woitas schien auch bei mir im Kopf anzukommen, was passiert ist. Völlig aufgelöst stand ich am Behandlungstisch, hörte zu - aber nahm nur wenig wahr.

Frau Woitas schickte mich nach Hause, es war spät abends. Sie würde versuchen ihn etwas vom Blut zu befreien, eine Schmerztherapie einleiten und ihn stabilisieren. Alles Weitere müsse am Folgetag entschieden werden. Tierarzt Hermann Kempf, der Leiter der Exotenpraxis, war zu einer Tagung in München, wurde jedoch telefonisch über den Notfall informiert.

Der erlösende Anruf.

Am Tag nach dem Unfall klingelte am späten Mittag das Telefon: Bilbo hat die Nacht überstanden. Herr Kempf, der extra seine Tagung abbrach, um Bilbo zu behandeln, hat das nahezu Unmögliche möglich gemacht. Er formte eine Prothese aus medizinischem Hartkunststoff, welche mittels Drähten an die verbleibenden Stücke des Unterschnabels befestigt wurde. Die übrigen Schnabelfragmente waren nicht viel größer als ein Stecknadelkopf. Für mich ein medizinisches Wunder.

„Barfuß" Essen lernen

Bilbo war stabil. Täglich wurde ich von Frau Woitas über den medizinischen Zustand informiert. Einige Zeit wurde er via Kropfsonde ernährt, denn an eine eigenständige Futteraufnahme war nicht zu denken. Wir alle als Vogelhalter, als Menschen, wissen, was es bedeutet, wenn ein Tier nicht mehr eigenständig in der Lage ist, sich zu versorgen. Ziel wurde es somit, dass Bilbo es schafft, durch einen speziellen Brei, eigenständig an Gewicht zuzulegen und es dann zu halten. Was einfach klingt, ist es in der Praxis nicht. Denn schließlich bedeutet es, den gesamten Prozess der Nahrungsaufnahme neu zu erlernen. Ein großes Unterfangen, wenn man bedenkt, wie es uns ergehen würde, wenn wir statt unseres Unterkiefers eine Prothese tragen müssten.

Von Bergen und Abgründen

Bilbo, der sonst ein begeisterter Esser von Obst und Gemüse war, musste sich mit Brei zufriedengeben. In seinem Interesse war das alles nicht. In der zweiten Woche nach dem Unfall schien es einen Lichtschimmer zu geben. Die Ernährung per Sonde wurde reduziert, da Bilbo vermehrt den Brei zu sich nahm. Wenige Tage später wurde dieser Hoffnungsschimmer jedoch zunichte gemacht. Bilbo war frustriert und genervt. Er verweigerte die eigenständige Futteraufnahme und musste somit wieder zwangsernährt werden.

Diese Zeit war eine Tortur. Jeden Tag beriet ich mich mit Frau Woitas. An einem Tag schien es hoffnungsvoll, am nächsten ging es wieder kleine Schritte zurück. Wenn es auch nur wenige Wochen waren, so war es eine Zerreißprobe für mich und meine Freundin. Ständig in Gedanken bei unserem Bilbo. Und auch wenn man es nicht will, nicht wahrhaben und nicht sehen will; man es nicht aussprechen und nicht darüber sprechen will, so beschlichen mich nach der zweiten Woche Gedanken, mit denen sich kein Tierhalter gern beschäftigt.

Den Edelpapagei geweckt

Doch Bilbo schien, nach Frustration, Erschöpfung und teilweise Resignation eines in sich geweckt zu haben: den Edelpapagei. Ein stures, dickköpfiges „Volk", das mehr als gern seinen Willen auslebt und durchsetzt. Bilbo futterte mit seiner Prothese, so gut es ging. Und dies reichte aus, mit dem speziellen Brei, sein Gewicht zu halten – ja sogar leicht zuzunehmen, ganz ohne Sonde. Das war auch die Zeit, in der Frau Woitas berichtete, dass Bilbo sich immer mehr in Sachen Widerstand übt. Er hätte keine Lust mehr auf seine Station, seine Pfleger und auch auf sonst nichts – außer Essen.

Somit war der Zeitpunkt gekommen, Bilbo konnte in unsere Mitte zurückkehren.

Heimkehr

Freudig nahmen wir Bilbo entgegen. Zugegeben: Der Anblick eines Papageien mit Prothese war ungewöhnlich, überschattete aber keineswegs die Freude, ihn wieder bei uns zu haben.

Wie gewonnen so zerronnen

Bilbo lernte, mit seinem Schicksal zu leben. Nur feste Kost blieb ihm verwehrt. Diesem Umstand trotzte er und legte weiter fleißig an Gewicht zu. Auch seine Kletteraktionen wurden waghalsiger, genauso wie Flugversuche, die mit der Erholung des Gefieders von der Zinkvergiftung einhergingen.

Eines Abends, ich war noch im Büro, rief mich meine Freundin an: Bilbo hat seine Prothese verloren. Ich packte meine Sachen, rief Frau Woitas an und unser Weg führte uns wieder nach Augsburg. Sie nahmen ihn stationär auf und versprachen, sich am Folgetag zu melden. Bei der Untersuchung stellte sich heraus, dass die kleinen Schnabelfragmente, an denen die Prothese befestigt war, mit abgebrochen sind. Das Erstellen einer neuen Prothese war somit ausgeschlossen.

Der Held im Federkleid

Der Verlust der Prothese war für Bilbo jedoch kein Anlass, sich aufzugeben. Schließlich hatte er bereits gelernt seinen Brei aufzunehmen. Doch uns Menschen stellte dies mental vor eine große Herausforderung.

Wie soll er nun essen?

Eine lebenslange Zwangsernährung kann nicht das Ziel sein. Doch weder wir als Halter, noch die Exotenpraxis Augsburg wollten den lebensfrohen Edelpapagei gehen lassen. Und Bilbo bekräftigte unseren Willen. Er hat gelernt, seinen Oberschnabel als eine Art Schaufel zu nutzen und nimmt den darin befindlichen Brei mit der Zunge auf. Bis heute isst er auf diese Art und Weise – und das äußerst erfolgreich.

Vom Abenteuer zur Geschichte

Bilbos Reise bis zum heutigen Zeitpunkt war vor allem eins: aufregend. Nach jedem Hoch folgte ein großes Tief. Trotz vieler Niederschläge, manchmal auch gespickt mit Resignation und Ernüchterung, schaffte er es immer, die auftreibenden Winde zu nutzen. Ich muss es als inspirierend bezeichnen, wenn man bedenkt, was unser Edelpapagei in seinem erst kurzen Leben gestemmt hat. Isolation, Einzelhaltung, Vergiftung und Unterschnabelabriss waren die negativen Meilensteine seines Lebens. Trotz aller Widrigkeiten hat er eins nicht verloren: Die Lust am Leben. Sein Kampfgeist scheint ungebrochen, ebenso, wie sein Wille.

Es ist erstaunlich, wie viel Kraft und Zuversicht in so einem kleinen, sensiblen Lebewesen steckt. Ich hoffe, diese Eigenschaften bleiben ihm erhalten. Bei Helden jagt ein Abenteuer das nächste, Bilbos steht schon in den Startlöchern und trägt den Name Pubertät. Bleibt nur zu hoffen, dass seine folgenden Abenteuer ohne die Hilfe unserer Tiermediziner bestritten werden können. Langweilig wird es auch ohne sie gewiss nicht – Gott sei Dank!

7.3 Papageien im Liebesrausch

Die Überschrift mag den Anschein erwecken, dass Sie in den kommenden Zeilen eine Anleitung erhalten werden, wie sich das Liebesspiel unserer Papageien, genauer gesagt, unserer Edelpapageien gestalten lässt. Doch seien Sie unbesorgt, denn das schaffen unsere gefiederten Schützlinge auch ohne unsere Hilfe – zumindest meistens. Haltern von Papageien im Allgemeinen und Edelpapageien im Besonderen, ist das sture und dickköpfige, wenn auch liebenswerte, Verhalten alles andere als neu. Doch gerade in den Phasen des Jahres, in denen die Hormone den Tag unserer Schönheiten bestimmen, verändert sich so einiges. In erster Linie gilt es, dieses Verhalten zu erkennen, zu verstehen und dann passend damit umzugehen.

In Stimmung

„Wann ist es denn soweit?“ ist eine Frage, die vielen von Ihnen gewiss bekannt vorkommt. Natürlich aus ‚anderen Umständen‘. Jedoch ist es eine Frage, die auch viele Papageienhalter beschäftigt. Sie haben bestimmt bereits recherchiert und festgestellt: „Ich bin genauso schlau wie vorher“.

Ernährung

Meine geliebten Edelpapageien beschreibe ich oft als Sonderlinge. Das liegt schlicht daran, dass unsere Federlinge aus Neuguinea selbst unter Papageien spezielle Wesen sind. Im Grunde kann man zu anderen Arten etliche Parallelen ziehen. Doch wie so oft sind es auch in diesem Fall die Details, auf die es ankommt. So auch im Brutverhalten.

Allzeit bereit

Bei vielen Ihrer Suchen im Internet haben Sie gelesen, dass ein Großteil der Papageien in den Wintermonaten die Brutphase startet. Für manche wirft dies ein Fragezeichen auf, scheinen die Bedingungen doch denkbar ungünstig in Sachen Temperatur, Luftfeuchte und Nahrung. Wenn Sie sich jedoch nun die Herkunft der meisten Papageienarten betrachten, stellen Sie schnell fest: ein Großteil hat seinen Ursprung in den Breiten des Äquators. Ist es bei uns herzhaft frisch, beginnt die Natur in den Heimatländern unserer Vögel von neuem aufzuleben. So auch die biologische Uhr der meisten Sittiche und Papageien.

Ganz bewusst schreibe ich „die meisten". Zum einen bin ich kein Freund von Verallgemeinerungen, zum anderen trifft die klassische Brutzeit auf unsere Edelpapageien nicht zu. Unsere rot-blauen Schönheiten kommen in Brutlaune, wenn die Rahmenbedingungen für sie als passend erscheinen – unabhängig von einem kalendarischen Monat. Faktoren, die Einfluss auf das Brutverhalten haben, sind:

- passende Partnertiere
- ausreichend und qualitativ hochwertiges Futter
- Temperatur und Luftfeuchtigkeit
- die richtige Höhle

Kreuzen sich diese beispielhaft genannten Faktoren üppig, läutet das Weibchen die Brutphase ein.

Love is in the air

Bikini-Figur? Von wegen... Edelpapageien sind immer schön – auch mit etwas mehr auf den Rippen. Nun ist es nicht so, dass ich eine Überfütterung beschönigen möchte, ganz im Gegenteil.

Wenn Sie jedoch feststellen, dass die Näpfe bei gleichbleibender Fütterungsmenge schlagartig wie ausgefegt sind, ist das ein erster Indikator in Richtung Brutzeit. Ein Faktor, den ich bei einem meiner Pärchen regelmäßig beobachten kann.

Teufel im Federkleid

Weiterhin werden Sie feststellen, dass das Weibchen zunehmend unruhig wirkt. Sie ist auf der Suche, in allen Höhenlagen und Winkeln der ihnen zur Verfügung gestellten Räumlichkeiten. Wie ein Spürhund wird keine Nische ausgelassen, um eines zu finden: die passende Höhle. Ich habe im Laufe der Jahre festgestellt, dass die Edelpapageien-Weibchen entspannter sind, wenn ihnen eine entsprechende Höhle angeboten wird – auch wenn man nicht züchten möchte.

Luna bei der Suche

Luna beim Sammeln von Nistmaterial

Unser Weibchen wurde mit zunehmend vergeblicher Suche nach einer Nistgelegenheit frustriert und mittelfristig aggressiver. Der damit einhergehende Stress ist bei der Papageienhaltung (in jeder Lebenslage) ein denkbar schlechter Wegbegleiter. Zudem begünstigt er krankhaftes Verhalten wie Federrupfen, für das Edelpapageien allgemein anfällig sind.

Seit ich während der Brutigkeit dauerhaft eine Höhle anbiete, ist unsere Luna während dieser Zeit wesentlich leichter zu handhaben. Auch der Stressfaktor ist erheblich reduziert. Die Höhle habe ich selbst gebaut. Die Abmessungen sind 30 x 30 x 60 cm. Das Anflugloch hat einen Durchmesser von 11 cm. Im Inneren befindet sich eine Einstieghilfe aus für Papageien unbedenklichem Draht. An der Seite habe ich eine Kontrollklappe angebracht. Der Boden ist herausnehmbar und somit einfach zu reinigen. An der Klappe ist ebenfalls Draht angebracht. Somit ist gewährleistet, dass ich das Nest kontrollieren kann, auch wenn Luna darin sitzt und es verteidigen möchte.

BigBird is watching you

Wenn das Weibchen eine passende Nistgelegenheit gefunden hat, wird das Männchen wesentlich wachsamer. Während unsere Luna das Nest herrichtet, sitzt Lucky hoch oben im Geäst der Voliere und überblickt das Gelände. Bei Anzeichen einer Gefahr setzt er Ruflaute ab, um seine Liebste zu warnen. Bis auf eine erhöhte Wachsamkeit kann ich bei unserem Männchen jedoch keine Wesensveränderungen feststellen. Dies kann aber auch daran liegen, dass ich zu Lucky eine sehr enge und vertrauensvolle Bindung pflege.

Liebesnest

Ist die passende Örtlichkeit für ein Gelege gefunden, wird die Dame zur kleinen Architektin. Der Eingang zum Gelege wird gnadenlos, aber gekonnt mit dem Schnabel bearbeitet. Ein weiterer Grund, eine Nistgelegenheit anzubieten. Halten Sie Ihre Edelpapageien im (Wohn-)Zimmer, haben Sie womöglich ein Türchen mehr in Ihrer Kommode.

Ist die bauliche Struktur geschaffen, geht es an die Inneneinrichtung. Im Laufe der Zeit habe ich verschiedene Sorten Einstreu in das Nest gelegt. Nahezu alles, was man als Einstreu bezeichnen kann, habe ich probiert. Gemeinsam hatten sie eins: es wurde aussortiert.

Luna in der Bruthöhle

Aus meiner Erfahrung heraus besteht das beste Nistmaterial aus kleinen Aststücken und Baumrinden, gern von Pflanzenrückschnitten wie:

- Apfelbaum
- Hainbuche
- Pflaume
- Mirabelle

Am besten eignen sich jedoch Teile der Weide. Das Holz ist sehr weich und feucht und damit ideal als Nistmaterial geeignet. Bieten Sie idealerweise ganze Weidenäste an. Sie werden feststellen, dass sowohl das Männchen als auch das Weibchen diese benagen und zerkleinern. Drei Fliegen mit einer Klappe. Das Benagen der Äste ist eine wunderbare Beschäftigung, die unter der Rinde befindlichen Mineralstoffe sind gesund und das passende Nistmaterial muss nicht gekauft werden.

„Rumeiern“

Neben der erhöhten Futtermenge und den Wesensveränderungen Ihrer Schützlinge kann ein weiterer Indikator das Federrupfen sein, vor allem im Brustbereich. Nahezu jeder Edelpapageienhalter hat sich mit dem Thema Rupfen bereits näher beschäftigen müssen. Aus meiner Erfahrung heraus kann ich bestätigen, dass das Zupfen am Brustgefieder ein Indiz zur bevorstehenden Eiablage ist.

Edelpapageien haben ein sehr straffes Deckgefieder. Durch das Herausziehen dieser Federn, legt das Weibchen die weichen, wärmenden Daunenfedern frei. Somit gelangt die Körperwärme besser an das Gelege. Dies steigert maßgeblich die Chancen auf eine erfolgreiche Brut.

Luna wenige Wochen nach Gelege

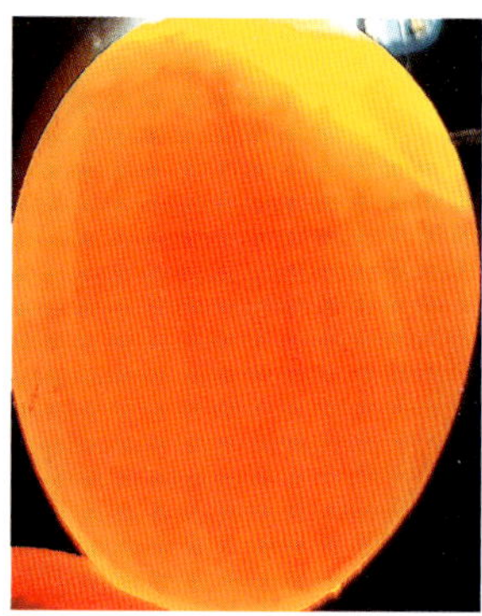

Geschiertes Ei

Nachdem unser Weibchen das Gelege verlassen hat, weil kein Schlupf der Küken erfolgte, erholt sich das Deckgefieder lückenlos. Sind Sie sich unsicher, rate ich Ihnen an, einen vogelkundigen Tierarzt aufzusuchen. Denn Federrupfen kann auch ein Krankheitsanzeichen sein.

Ei Ei Ei

Nun, wenn das Kind in den Brunnen gefallen ist, besser gesagt das Ei ins Nest, haben Sie zwei Möglichkeiten:

- Der Natur ihren Lauf lassen
- Eingreifen, um eine Brut zu verhindern

Bezeichnen Sie sich selbst als „Hobby-Halter“, empfehle ich Ihnen es nicht bis zum Schlupf kommen zu lassen. Zum einen verlangt eine Aufzucht nicht nur den Elterntieren viel ab, sondern auch uns Haltern. Geht es um dieses Thema, werden Sie oft zwei Schein-Gründe für die Aufzucht lesen:

1. Ich möchte es mal probieren und erleben
2. Jeder hat irgendwann mal angefangen.

Wenn Sie zum Beispiel

- unsicher beim Erkennen medizinischer Notfälle sind
- sich nicht zutrauen, ein Küken im Notfall per Hand aufzuziehen

sind das bereits zwei starke Kriterien, die Sie aus Gründen der Vernunft davon abhalten sollten, den „Dingen Ihren Lauf zu lassen". Ohne erweitertes medizinisches Wissen und fundiertes Know-How über Zucht und Aufzucht, kann dieser eigentlich wundervolle Vorgang zur Tragödie werden – nicht nur für die Jungvögel.

Neben den oben erwähnten Aspekten gilt es auch zu betrachten, dass der Markt mit Abgabetieren aus allen Nähten platzt. Unzählige Edelpapageien warten auf ein wundervolles Zuhause.

Das Weibchen wird in Abständen von einem bis zwei Tagen Eier legen, bis das Gelege eine Größe von bis zu drei Eiern erreicht hat. Um eine Nachzucht zu verhindern, empfehle ich das Entnehmen der gelegten Eier und diese durch Kunsteier auszutauschen. Diese gibt es in den gängigen Online-Shops für Papageienzubehör. Achten Sie auf die richtige Größe. Sind die falschen Eier zu klein, wird das Weibchen die Finte merken. Sie brauchen keinerlei Sorge zu haben, dass Sie durch das Entfernen der Eier ein Lebewesen um sein Recht auf Leben betrügen. Im Ei selbst entsteht erst nach einigen Tagen durchgängiger Bebrütung ein kleiner Papagei.

Erfolgt nach der Brutdauer der angestochenen (oder besser künstlichen) Eier von circa 28 Tagen kein Schlupf, verlässt das Weibchen eigenständig das Nest und gibt das Gelege auf.

Luna vor der Eiablage

Fazit:
Neben wenigen Affenarten sind wir Menschen die einzige Gattung, die Fortpflanzung als „schönste Nebensache der Welt" betrachtet. Für nahezu alle Lebewesen geht es dabei nur um eines: Arterhaltung. Hierbei handelt es sich um den natürlichsten und existenziellsten aller Triebe.

Aus diesem Grund (und den oben genannten: Stress, Aggressivität, Frustration...) halte ich es für den falschen Ansatz, das Liebesleben unserer Schützlinge gänzlich zu unterdrücken. Somit schließt sich hier der Kreis. Denn unterdrückte Reize führen nicht zu einem dauerhaft soliden, angenehmen Miteinander zwischen Edelpapagei und Halter.

Abbruch kurz vor Einzug

7.4 Ortswechsel (Umzüge) meistern

Viele von Ihnen werden im Laufe der Jahre in eine Situation kommen, in der sich Ihre Wohnsituation verändern wird. Ob nun in ein Haus oder eine andere Wohnung, spielt dabei eine untergeordnete Rolle.

Umzüge sind vor allem eins: Stress. Gefühlt reißt diese Stresssituation, wenn der Umzugstag gekommen ist, nicht ab. Die Veränderung des Wohnorts ist nicht nur anstrengend, sondern auch planbar. So auch mit Ihrem Pärchen Edelpapageien.

Lieber neugierig als verhungert – der Weg in die Transportbox
Bei einer natürlichen und gesunden Scheu Neuem gegenüber überwiegt am Ende immer die Neugier. Eine Charaktereigenschaft, die Sie sich zu Nutze machen können. Stellen Sie bereits wenige Wochen vor dem Wohnungswechsel die Transportbox in die ständige Sichtweite Ihrer Schützlinge.

Lucky und Luna mit Transportbox

Sie werden schnell merken, wie an Tag eins die Kiste skeptisch angeschaut, an Tag zwei begutachtet und spätestens an Tag drei hineingeklettert wird. Lassen Sie die Box einfach mit geöffneter Tür stehen. Legen Sie von Zeit zu Zeit das Lieblings-Leckerchen Ihrer beiden Schleckermäuler hinein. Es wird, wenn überhaupt, wenige Tage dauern, bis Ihre Edelpapageien die Box von allein aufsuchen und zum Spielen nutzen werden.

In der Ruhe liegt die Kraft

Nun ist der Umzugstag gekommen, viele Helfer rennen durch Ihr Heim und Sie haben tagelang gepackt. Immer wieder fällt Ihnen auf, dass Sachen, die Sie eigentlich bräuchten, bereits im Umzugskarton sind. Der nette Helfer lässt die Vase der Oma fallen und im neuen Zuhause tritt man eine Kerbe ins neue Laminat. Obwohl man sich am liebsten bereits schlafen legen möchte, damit der Tag einfach vorbei ist, sind gerade mal wenige Stunden geschafft und Ihre beiden Lieblinge wollen auch noch mit ins neue Zuhause.

Besinnen Sie sich, nehmen Sie sich eine Auszeit und entspannen Sie sich. Edelpapageien sind äußerst sensible Wesen, die die Stimmung Ihrer Bezugsperson aufsaugen wie ein Schwamm – und widerspiegeln. Gehen Sie gestresst und abgespannt in die Situation hinein, wird es nicht nur ein unangenehmer Umzug, sondern auch ein bissiger.

Aus der Praxis

Auch meine Freundin und ich standen im Dezember 2020 der schier unüberwindlichen Hürde Umzug gegenüber. Mit über 20 Sittichen und Papageien traten wir die Reise in unser neues Heim an. Wenn Sie nun aber eine spektakuläre Geschichte erwarten, muss ich Sie leider enttäuschen. Denn die oben genannten Worte sind keine schlauen Thesen, sondern mein Vorgehen beim Umzug gewesen.

Zu Lucky pflege ich, wie bereits erwähnt, eine äußerst enge Bindung. Das Vertrauen, das er in mich setzt, ist gewaltig. Nach der Gewöhnung an die Transportbox, habe ich ihn auf die Hand genommen und einfach hineingesetzt. Unserer Luna, dem Weibchen von Lucky, erging es ähnlich.

Versuchen Sie Ihre Edelpapageien in den frühen Abendstunden, nach der Abendfütterung, in die Box zu setzen. Zu dieser Zeit sind sie am entspanntesten.

Ofen setzen hat geklappt, Teilerfolge zum Besinnen nutzen

Literaturverzeichnis

Arndt, T. (2014): Edelpapageien, taxonomisch-systematisches Fachposter Edition PAPAGEIEN. Bretten

Arndt, T. (1990-1996, 2001): Lexikon der Papageien. Bretten.

Fergenbauer-Kimmel, A. (1992): Edelpapageien. Enzyklopädie der Papageien und Sittiche, Bd. 7. Bomlitz. Bretten

Künne, H.-J. (2012): Die Ernährung der Papageien und Sittiche. Bretten.

Reinschmidt, M. (2021): Zucht von Papageien und Sittichen. Bretten.

Rössel, D. (2019-2022): Beitragsreihe Recht. Fachzeitschrift PAPAGEIEN. Bretten.

Gutachten der Sachverständigengruppe über die Mindestanforderungen an die Haltung von Papageien (10. Januar 1995)

Bildverzeichnis

Titel: Alle Bilder vom Autor

Inhalt: Alle Bilder vom Autor, mit Ausnahme;

Kapitel 1: Illustrator Thomas Arndt, Kartographie mit freundlicher Genehmigung von www.fallingrain.com, copyright Carl Rosenberg, Bilder Edelpapagei auf Baum (S. 4), Nahrungsaufnahme (S. 7) sowie Balz (S. 8) und Banane (S. 8) von Pixabay;

Kapitel 2: taxonomisch-systematische Abbildungen von Thomas Arndt;

Kapitel 3: Abbildungen von Zäunen (S. 16) Pflanzen, Geld (S. 18), Gemüse (S. 19), Veterinärmedizin-Logo (S. 19), Katze (S. 21), Hinweisschild (S. 25), Karabiner (S. 49), Schild Achtung (S. 50), Darstellung Überwachungskamera (S. 55) von Pixabay, Voliere im Wohnbereich (S. 27) von Sven Naumann, Infografik Birdlamp (S. 33) von www.birdking.de, Außenvolieren (S. 35) von Sven Naumann;

Kapitel 4: Logo "Bio" (S. 58), Bilder Feuerdorn, Schlehe und Holunder (S. 62), Bilder Löwenzahn und Esche (S. 63) von Pixabay;

Kapitel 5: Edelpapagei beim Tierarzt (S. 68) von H. Kempf, Lederhandschuhe (S. 72) von Pixabay

Gastbeitrag Kapitel 5.4: Bilder vom Gastautor Kempf

Die Kapitel 7.1 bis 7.3 sind zuvor im WP Wellensittich & Papageien Magazin erschienen.

Register (Stichwortverzeichnis)

Anschaffung .... 14, 18, 23 ff., 90 ff., 110
Arten .... 10 ff.
Aufzucht 8, 103, 108
Außenvoliere 18, 29, 35, 44, 53
Beleuchtung 29, 33
Bepflanzung 32, 39, 47, 52, 63
Beschäftigung 45, 48
Brutigkeit .... 103 ff.
Charakter 77, 85, 103
Draht 37
Eiweiß 64
Erkrankungen 50, 67, 74, 84
Ernährung 6, 57, 61, 64, 75, 92
Erste Hilfe 71, 82, 100
Federn 74, 79
Freiland .... 4 ff.
Futterpflanzen 32, 59, 61
Fütterung 6, 57, 61, 64, 75, 92
Geschlechter 27, 85, 92, 97, 103
Gesundheit 19, 50, 67, 74, 84
Hygiene 29
Jungvögel 9, 103, 108
Kamera 55
Kauf .... 14, 18, 23 ff., 90 ff., 110
Krankheiten 19, 50, 67, 74, 84
Lautstärke 16
Licht 15
Nachwuchs .... 8 f., 103, 108
Notfallhilfe 82, 100
Pellets 65
Pflanzen 32, 39, 47, 52, 63
Proteine 64
Reinigung 29
Rupfen 79
Schleuse 38
Schutzhaus 40
Seile 49
Sicherheit 51, 54
Spielzeug 45, 48
Tierarzt 67, 74
Tiermedizin .... 74 ff.
Tierschutz 23
Training 21, 68
Umzug 110
Unterarten .... 10 ff.
Verbreitungsgebiete 4 ff.
Verdauung 75
Vergiftung 82
Verhalten 77, 85, 103
Veterinärmedizin 19, 50, 67, 74, 84
Voliere 18, 27, 35, 44
Zucht 8, 23, 103, 108
Züchter 23
Zusammenleben 20, 28, 85, 87, 95

Impressum

Hofmann, Tim
Haltung von Edelpapageien
Verhalten, Erlebnisse, Unterbringung, Gesundheitsschutz, Fütterung,...

1. Auflage (2023)
Arndt-Verlag e. K., Bretten
ISBN 978-3-945440-77-3

Gesamtgestaltung: Birgit Ender
Fachlektorat: Jörg Clausen
Sprach- und Endlektorat: Dr. Rainer Noske

Gedruckt in der EU

Für Ihre Notizen: